全国高职高专"十二五"规划教材

模具制造工艺的制定

张玉华　杨伟生　主　编
周树银　李云梅　副主编
　　　　王振云　主　审

化学工业出版社
·北京·

本教材以典型冲压模具和塑料模具为载体,采用项目教学法、案例教学法等展开知识技能点的学习。每个项目分别设计了学习任务,以模具零件加工工作过程为导向,介绍企业中常用的模具零件加工方法、模具装配与调试的方法,使学生用所学机械加工工艺规程设计的知识拟定模具零件加工工艺路线、设计工艺尺寸、编制模具零件工艺规程等工艺员职业技能。

本教材可作为高职、中职模具专业及相关专业教材,也可作为模具企业员工岗位培训、技能取证参考书。

图书在版编目(CIP)数据

模具制造工艺的制定/张玉华,杨伟生主编. —北京:化学工业出版社,2014.2

全国高职高专"十二五"规划教材

ISBN 978-7-122-19526-5

Ⅰ.①模… Ⅱ.①张…②杨… Ⅲ.①模具-制造-生产工艺-高等职业教育-教材 Ⅳ.①TG760.6

中国版本图书馆 CIP 数据核字(2014)第 009230 号

责任编辑:刘 哲 韩庆利 装帧设计:韩 飞
责任校对:吴 静

出版发行:化学工业出版社(北京市东城区青年湖南街 13 号 邮政编码 100011)
印 装:大厂聚鑫印刷有限责任公司
787mm×1092mm 1/16 印张 11 字数 262 千字 2014 年 3 月北京第 1 版第 1 次印刷

购书咨询:010-64518888(传真:010-64519686) 售后服务:010-64518899
网 址:http://www.cip.com.cn
凡购买本书,如有缺损质量问题,本社销售中心负责调换。

定 价:26.00 元 版权所有 违者必究

前　　言

模具制造工艺的制定是模具设计与制造专业核心职业技能课程之一，是继机械制图及CAD、机械制造基础、数控加工技术、冲压工艺及模具设计（冷冲压模具方向）、注塑成型工艺及模具设计（注塑模具方向）等理论课程和钳工实训、车工实训、冲压模具拆装、数控加工实训等实践课程的基础上开设的一门技能课程，旨在为机械类企事业单位培养生产、服务第一线所需工程技术人员，模具制造、模具装配与调试、模具加工工艺员等岗位所需高技能型人才。

本教材的主要特点如下。

（1）突出应用。本教材以典型冲压模具和注塑模具为载体，采用项目教学法、案例教学法等展开知识技能点的学习。每个项目分别设计了学习任务，以模具零件加工工艺过程为导向，介绍企业中常用的模具零件加工、模具装配与调试的方法，使学生所学的知识和技能与职业岗位零对接。

（2）直观性强。本教材采用了大量的零件二维图和三维图，增强了知识的直观性，便于学生学习。

（3）注重学生创新能力的培养。本教材在每个项目后面都设计了真实零件的实做训练题，目的是通过训练潜移默化地培养学生的创新意识和创新能力，使学生将来在企业能够独当一面。

（4）适应性强。本教材结合学生学习的认知规律，在知识和技能的学习、训练方面采取由浅入深、循序渐进的原则，重视不同层次学生的培养需要。

本教材结合生产实际，由专业教师与企业一线工艺人员（派克特精天津液压有限公司戴云霞）合作编写，以企业岗位能力为目标，实现理论与实践相融合的项目教学方法，以真实的工作任务——冲压模具和注塑模具为载体，通过做与学、教与学、学与考、过程评价与结果评价的有机结合，融"做中学"与"做中教"贯穿于整个教学过程，充分体现了"以教师为主导，以学生为主体"的教学理念，适合高职高专模具专业学生使用。

本课程建议学时数 60～66 学时。

全书分为两个模块，模块一主要介绍冲压模具零件的加工、模具装配与调试相关知识和技能，共六个学习项目，项目一、项目三～项目五由张玉华编写，项目六由周树银编写，项目二由张玉华、戴云霞、李云梅编写；模块二主要介绍注塑模具零件的加工、模具装配与调试相关知识和技能，共五个学习项目，项目七～项目十由杨伟生编写，项目十一由杨伟生、王叔平编写；李云梅负责编写习题及文字整理工作。张玉华负责编写大纲及所有章节的统稿，王振云对全书进行了主审。

限于编者水平有限，书中定有不少疏漏，恳请读者批评指正。

编者

2013 年 12 月

目　录

模块一　冲压模具零件的加工、模具装配与调试

项目一　冲压模具的认知

【学习目标】

① 掌握典型冲压模具结构组成。

② 了解典型模具结构中各零部件的作用。

③ 掌握当前冲压模具零件常用材料类型、牌号、材料处理方式等。

【相关知识】

图 1-1、图 1-2 分别为冲压模具复合模和连续模。

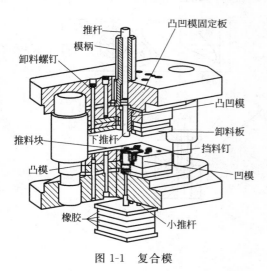

推杆　　凸凹模固定板
模柄
卸料螺钉
凸凹模
卸料板
推料块　　下推杆
挡料钉
凸模　　　　　凹模
橡胶　　小推杆

图 1-1　复合模

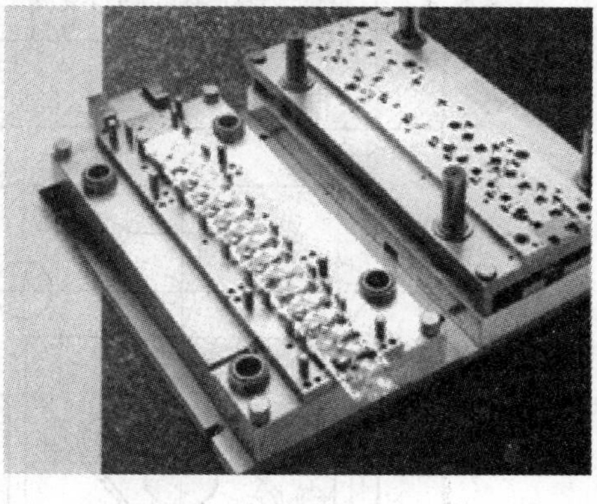

图 1-2　连续模

冲压通常是在室温下，利用冲压模具在压力机的作用下对板料施加压力，使板料产生分离或变形，从而得到所需的特定制件的加工方法。它是压力加工方法的一种，在机械制造中是一种高效率的加工方法之一。

冲压模具是冲压加工中重要的工艺装备，冲压模具设计与制造技术的技术水平直接决定了冲压工艺的先进程度。

一、冲压模具的特点及类型

1. 冲压模具的特点

在冲压加工中，将材料加工成零件（或半成品）的一种特殊工艺装备，称为冲压模具

（俗称冲模）。

冲模是一种特殊工艺装备，它与冲压件有"一模一样"的关系。冲模没有通用性。

冲模是冲压生产必不可少的工艺装备，它决定着产品的质量、效益和新产品的开发能力。

冲模的功能和作用、冲模设计与制造方法和手段，决定了冲模是技术密集、高附加值型产品。

2. 冲压模具的分类

① 根据工艺性质分类　可以分为冲裁模、弯曲模、拉深模、成形模等。

② 根据工序组合程度分类　可以分为单工序模、复合模、级进模等。

二、冲压模具结构及冲压模具零件的分类

冲模通常由上、下模两部分构成。如图1-3所示为落料冲孔复合模。

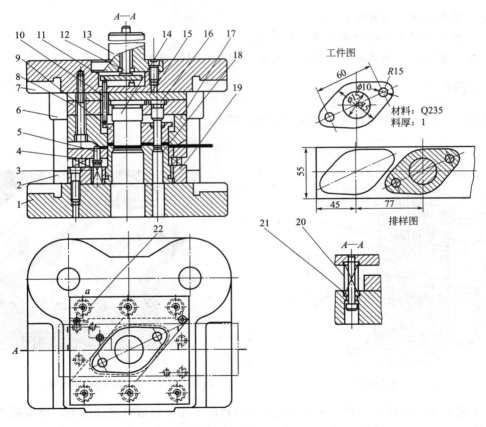

图 1-3　落料冲孔复合模

1—下模座；2—导柱；3—弹簧；4—卸料板；5—定位销；6—导套；7—上模座；8—凸模固定板；
9—退件器；10—打杆；11—推板；12—推杆；13—模柄；14—凸模；15—垫板；16—小凸模；
17—凹模；18—凸凹模；19—凸凹模固定板；20—卸料弹簧；21—卸料螺钉；22—定位销

组成模具的零件主要有两类：工艺零件和结构零件。

1. 工艺零件

直接参与工艺过程的完成并和坯料有直接接触，包括工作零件、定位零件、卸料与压料零件等。如图中的 14、16、17、18 号件为工作零件；22 号件为定位零件；4 号件和 9 号件分别为卸料板和退件器。它们在冲压过程中直接参与冲压并与板料直接接触，均为工艺零件。

2. 结构零件

不直接参与完成工艺过程，也不和坯料直接接触，只对模具完成工艺过程起保证作用，或对模具功能起完善作用，包括导向零件、紧固零件、标准件及其他零件等。如图中的 1、7 号件为下、上模座；2、6 号件为导柱、导套；8、19 号件为凸模固定板、凸凹模固定板；以及紧固件和标准件等均为结构零件。

三、冲压模具零件的常用材料及热处理要求

1. 工作零件

包括凸模、凹模及凸凹模，又称为成形零件，是冲压过程中直接完成冲压工序的关键零件。常用的材料，小型冲模一般用 T10A、CrWMn、Cr12MoV 等，热处理硬度通常在 58～62HRC 和 60～64HRC、凸模尾部回火，硬度 38～42HRC 为宜；大型冲模一般采用镶拼式结构，其优点是镶块的毛坯锻造、机械加工、热处理以及凸、凹模易磨损部位的刃磨修配等都比较方便，又可以避免整体式工作零件因热处理开裂、变形过大或机械加工局部超差，使得整个的工作零件报废。

2. 定位零件

除工作零件外，在冲压过程中和坯料直接接触并参与完成工艺过程的另外一种零件。它的作用是保证条料的正确送进方向及条料在送进过程中的送进步距，包括挡料销、导正钉、侧刃、导尺等。常用的材料有 45、40Cr 和 T10A、Cr12，热处理硬度通常在 40～45HRC 和 52～56HRC。

3. 卸料板和退件器

它们在冲压过程中直接参与冲压并与板料直接接触，也为工艺零件。它们的作用是当材料分离或成型后有效地将抱在凸模上的废料卸下来及卡在凹模内的制件或废料推（顶）出来。常用的材料有 45、40Cr，热处理硬度通常在 40～45HRC。

4. 模柄

结构零件的一种，通过它将上模与冲床连在一起，常用的材料有 Q235、45。

5. 上、下模座

是冲模全部零件安装的载体，承受和传递重压力的作用，常用的材料有 HT200-400、ZG310-570，冲裁力大时用 Q235 或 45。

6. 导柱、导套

结构零件，保证上、下模合模时的导向精度，常用的材料有 20 钢，表面渗碳淬火硬度 58～62HRC。

7. 上、下垫板

结构零件的一种，起到增加单位面积挤压力的作用，常用的材料有 T8A，热处理硬度通常在 50～55HRC。

本模块以图 1-4 落料冲孔复合模为例，具体介绍该模具零件的加工工艺规程及模具装配调试过程。

【复习思考题】

1. 冲压模具是怎样分类的？试举出 4 种冲压模具的类型。

2. 指出图1-4落料冲孔复合模主要零件的名称？说明它们的功能。

3. 图1-4落料冲孔复合模工作零件是哪些零件？常用的材料及热处理要求是什么？

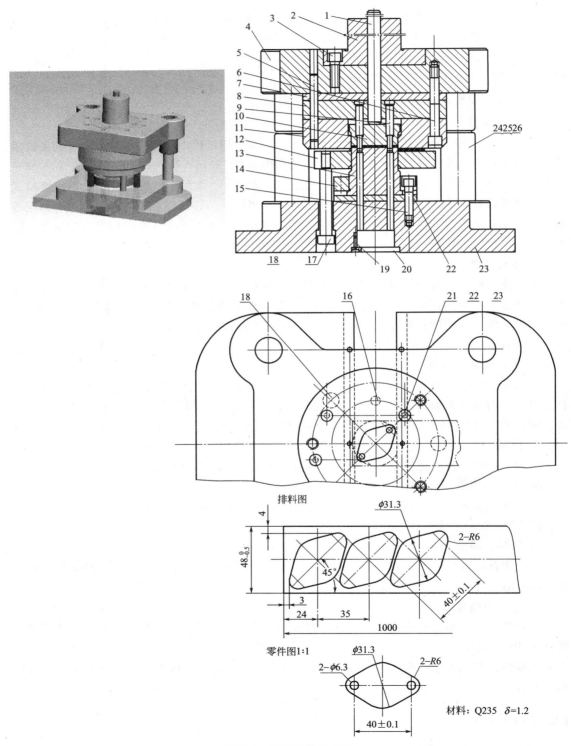

图1-4　落料冲孔复合模

项目二　机械加工工艺规程设计

【学习目标】

① 通过图示，掌握制定工艺规程相关的概念与步骤。

② 会计算工序尺寸及工序尺寸偏差、确定毛坯的规格和种类。

③ 正确确定模具零件的加工工艺路线。

【相关知识】

一、基本概念

（一）生产过程和工艺过程

1. 生产过程

将原材料（或半成品）转变为成品的全过程，称为生产过程。如图 2-1 所示。

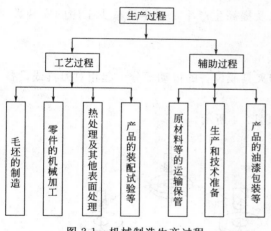

图 2-1　机械制造生产过程

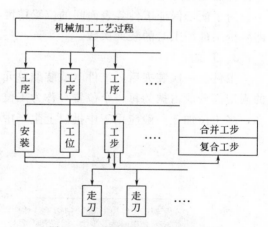

图 2-2　机械加工工艺过程的组成

2. 工艺过程

在生产过程中，凡直接改变生产对象的形状、尺寸、相对位置关系和性质等的过程，称为工艺过程。如图 2-2 所示。

机械加工工艺过程是指利用机械加工的方法，直接改变毛坯的形状、尺寸和表面质量，使其转变为成品的过程。机械加工工艺过程是由一个或若干个按顺序排列的工序所组成，毛坯依次经过这些工序变为成品。

3. 生产过程与工艺过程的关系

（二）工艺过程的组成

1. 工序

一个或一组工人，在一个工作地对一个或同时对几个工件进行加工所连续完成的那部分工艺过程，称为工序。

工序是工艺过程的基本组成部分，也是确定工时定额、成本核算、配备工人、安排作业计划和进行质量检验等的基本单元。划分工序，即一系列加工内容是否属于同一工序，关键是看加工这些内容的工作地是否相同、加工对象（工件）是否改变以及加工是否连续。这里的"工作地"是指一台机床、一个钳工台或一个装配地点；这里的"连续"是指对一个具体的工件的加工是连续进行的，中间没有插入另一个工件的加工。

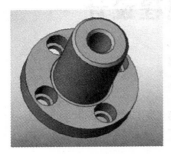

图 2-3　凸缘式模柄

如图 2-3 所示，以凸缘式模柄的 4 个沉孔加工为例，由于生产批量不同，采用的工艺过程有所区别。如果是批量生产，采用的加工方式为先在一台钻床上完成对这批工件的钻孔，然后再锪孔，这样对一个模柄工件的钻、锪孔是不连续的，是两道工序；如果是单件生产，采用的加工方式为在一台钻床上完成对该工件的钻孔，然后再锪孔，这样对一个模柄工件的钻、锪孔加工过程就是连续的，应该是一道工序。

2．安装

安装是指工件（或装配单元）经一次装夹后所完成的那部分工序。一道工序包含几次安装，只需看完成这道工序需要装夹几次。

为了便于保证工件各表面间的位置精度，以及提高生产率，要尽量减少工序的安装数，即减少工件加工时的装夹次数。

3．工位

工件经一次装夹后，工件（或装配单元）与夹具或设备的可动部分一起相对刀具或设备的固定部分所占据的每一个位置，称为工位。

多工位加工一般应用于中批以上生产中，如图 2-4 所示。

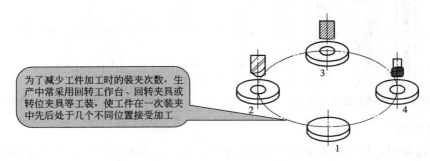

为了减少工件加工时的装夹次数，生产中常采用回转工作台、回转夹具或转位夹具等工装，使工件在一次装夹中先后处于几个不同位置接受加工

图 2-4　多工位加工

4．工步

在加工表面（或装配时的连接表面）和加工（或装配）工具不变的情况下，所连续完成的那一部分工序，称为工步。

这里的"连续"指的是切削用量中的转速与进给量均没有发生改变。

为了简化工艺文件，对于在一次安装中连续进行的若干相同的工步，为了简化工序内容的叙述，在工艺文件上，常看作为一个工步填写在工艺文件中。如图 2-5 所示具有 4 个相同孔的工件零件，对 4 个 $\phi 10mm$ 的孔连续进行钻削加工，在工序中可以写成一个工步——钻

4×φ10mm 孔。

为了提高生产效率，用几把不同的刀具或复合刀具同时加工一个工件上的几个表面，也看成是一个步，称为复合工步。

5. 走刀

走刀是指切削工具在加工表面上每切削一次所完成的那一部分工步。一个工步可以包括一次或几次走刀。

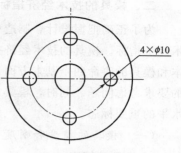

图 2-5 工步

（三）生产纲领与生产类型

1. 生产纲领

企业在计划期内应当生产的产品产量和进度计划称为该产品的生产纲领。

企业的计划期常为一年，故生产纲领常被理解为企业一年内生产的产品数量，即年产量。

产品中每种零件的生产纲领是指包括备品和废品在内的年产量。可按下式计算：

$$N = Qn(1 + a\%)(1 + b\%)$$

式中　N——零件的生产纲领，件/年；

　　　Q——产品的生产纲领，台/年；

　　　n——产品中该零件的数量，件/台；

　　$a\%$——备品率；

　　$b\%$——废品率。

2. 生产类型

生产类型是指企业（或车间、工段、班组、工作地）生产专业化程度的分类。一般分为大量生产、成批生产和单件生产 3 种类型。

（1）单件生产　单件生产是指生产的产品品种很多，同一产品的产量很小，各个工作地的加工对象经常改变，而且很少重复生产。

（2）大量生产　大量生产是指生产的产品数量很大，大多数工作地长期只进行某一工序的生产。

（3）成批生产　成批生产是指一年中分批轮流生产几种不同的产品，每种产品均有一定的数量，工作地的生产对象周期性地重复。

每次投入或产出的同一产品（或零件）的数量称为批量。按照批量的大小，成批生产可分为小批、中批和大批生产三种。

小批生产的工艺特点接近单件生产，常将两者合称为单件小批生产；大批生产的工艺特点接近大量生产，常合称为大批大量生产。

生产类型的划分，可根据生产纲领和产品的特点及零件的重量或工作地每月担负的工序数。

同一企业或车间可能同时存在几种生产类型，判断企业或车间的生产类型，应根据企业或车间中占主导地位的产品的生产类型来确定。

在制定工艺规程时，应首先确定生产类型，因为不同的生产类型具有不同的工艺特点，依据生产类型的工艺特点，才能制定出合理的工艺规程。

二、模具的技术经济指标

为了正确把握设计、制造和使用的关系，必须了解生产实际对模具的要求，即模具的技术经济指标。模具的技术经济指标分为模具的精度和刚度、模具的生产周期、模具的生产成本和模具的寿命四个基本方面。模具生产过程的各个环节都应该紧紧围绕模具在这四个方面的要求考虑问题。同时，模具的经济技术指标也是衡量一个国家、地区和企业模具生产技术水平的重要标志。

（一）模具的精度和刚度

1. 模具的精度

精度包括尺寸精度、形状精度、位置精度和表面粗糙度。模具的精度主要指模具工作零件的加工精度和相关部位的配合精度，分为静态精度和动态精度。模具工作部位的精度要高于产品（制件）的精度，例如冲裁模刃口尺寸的精度要高于冲裁件的精度。冲裁凸模和凹模之间的冲裁间隙数值的大小和均匀一致性也是主要精度参数之一。平时测量出的精度都是非工作状态下的精度（如冲裁间隙），即静态精度。而工作状态时，受到工作条件的影响，静态精度发生了变化，变为动态精度，动态精度在模具生产中具有指导意义。一般而言，模具的精度应该与产品（制件）的精度相关联，同时受到模具加工技术手段的制约。随着制造技术的发展，模具加工技术手段的提高，模具加工精度也会相应地提高，模具工作零件的互换性生产将成为现实。

2. 模具的刚度

对于高速冲模、大型件冲压成形模、精密塑料模和大型塑料模，不仅要求其精度高，同时还要求其具有良好的刚度。这类模具的工作负荷较大，当出现较大的弹性变形时，不仅要影响模具的动态精度，而且关系到模具能否正常工作。因此，模具设计中在满足强度要求的同时，还应该保证模具的刚度；在制造过程中也要注意避免由于加工不当造成的附加变形，影响模具的刚度。

（二）模具的生产周期

模具的生产周期是指从接受模具订货项目开始到模具试模鉴定后交付合格模具所用的时间。当前，模具使用单位为开发新产品并使产品能够尽快投入市场，对模具的生产周期要求越来越短，以满足市场竞争和产品更新换代的需要。因此，模具生产周期的长短既是衡量模具企业生产能力和技术水平的综合指标之一，关系到模具企业在激烈的市场竞争中有无立足之地，同时模具生产周期的长短也是衡量一个国家模具技术管理水平高低的标志。

影响模具生产周期的因素有：①模具技术和生产的标准化程度；②模具企业的专门化程度；③模具生产技术手段的先进程度；④模具生产的经营和管理水平。

（三）模具的生产成本

模具的生产成本是指企业为生产和销售模具支付费用的总和。模具的生产成本包括原材料费、外购件费、外协件费、设备折旧费、经营开支等。从性质上分为生产成本、非生产成本和生产外成本，通常讲的模具生产成本是指与模具生产过程有直接关系的生产成本。

（四）模具的寿命

模具的寿命是指模具在保证产品零件质量的前提下，所能加工的制件的总数量，它包括工作面的多次修磨及易损件更换前后所加工制件的数量之和。

一般在模具设计阶段就应明确该模具所适用的生产批量类型或模具生产制件的总次数，即模具的设计寿命。不同类型模具的正常损坏形式也不一样，但总的来说工作表面损坏的形式有摩擦损坏、塑性变形、开裂、疲劳损坏、啃伤等。

影响模具寿命的主要因素如下。

① 模具的结构　合理的模具结构有助于提高磨具的承载能力，减轻模具承受的热-机械负荷水平。

② 模具材料　应根据产品生产批量的大小，选择模具材料。

③ 模具的加工质量　模具零件在机械加工、电火花加工、锻造、预处理、淬硬和表面处理时的缺陷，都会对模具的耐磨性、抗咬合能力、抗断裂能力产生显著的影响。

④ 模具的工作状态　模具工作时，所使用设备的精度与刚度、润滑条件、被加工零件材料的预处理状态、模具的预热和冷却条件都对模具寿命产生影响。

⑤ 产品（零件）的状况　被加工零件材料的表面质量状态，材料的硬度、延展率等力学性能，被加工件的尺寸精度等都与模具的寿命有直接的关系。

模具的精度和刚度、生产周期、模具的生产成本以及模具的寿命之间是互相影响互相制约的。在实际生产过程中，要根据产品（零件）和客观需要综合平衡这些因素，抓住主要矛盾，求得最佳的经济效益，满足生产的需要。

三、制定工艺规程的原则和步骤

工艺规程是产品或零部件制造工艺过程和操作方法等的工艺文件，它描述了由毛坯加工成为零件的全部过程。机械加工工艺规程一般应规定工件加工的工艺路线、工序的加工内容、检验方法、切削用量、时间定额以及所采用的设备和工艺装备等。因此，工艺规程具有指导生产和组织工艺准备的作用，是生产中必不可少的技术文件。

（一）工艺规程的作用

1. 工艺规程是组织和指导生产的主要技术文件

合理的工艺规程是在总结广大工人和技术人员长期实践经验的基础上，结合工厂具体生产条件，根据工艺理论和必要的工艺试验而制定的。按照工艺规程进行生产，可以保证产品的质量、较高的生产效率和经济性。经批准生效的工艺规程在生产中应严格执行，否则，往往会使产品质量下降、生产效率降低。

2. 工艺规程是生产准备和计划调度的主要依据

有了工艺规程，在产品投产之前就可以根据它进行原材料、毛坯的准备和供应；机床设备的准备和负荷的调整，专用工艺装备的设计和制造；生产作业计划的编排；劳动力的组织以及生产成本的核算等，使整个生产有计划地进行。

3. 工艺规程是新建或扩建工厂、车间的基本技术文件

在新建或扩建工厂、车间的工作中，根据产品零件的工艺规程及其他资料，可以统计出所建车间应配备机床设备的种类和数量，算出车间所需面积和各类人员的数量，确定车间的平面布置和厂房建设的具体要求，从而提出有根据的筹建或扩建计划。

4. 工艺规程是进行技术交流的重要文件

随着科学技术的进步，工艺规程也应不断得到改进和完善。但更改工艺规程必须履行严格的审批手续。

（二）制定工艺规程的原则、主要依据和步骤

1. 制定工艺规程的原则

所制定的工艺规程应保证能在一定的生产条件下，以最高的生产率、最低的成本、可靠地生产出符合图样要求及技术要求的产品或零件。工艺规程首先要保证产品的质量，同时要争取最好的经济效益。在制定工艺规程是，要注意以下三个方面。

① 技术上的先进性　在制定工艺规程时，要了解国内外本行业工艺技术的发展。通过必要的工艺试验，优先采用先进工艺和工艺装备，同时还要充分利用现有的生产条件。

② 经济上的合理性　在一定的生产条件下，可能出现几个能保证工件技术要求的工艺方案。此时应全面考虑，通过核算和优化选择经济上最合理的方案，是产品的能源、物资消耗及人工成本最低的。

③ 有良好的劳动条件　制定工艺规程时，要注意保证工人具有良好、安全的劳动条件，通过机械化、自动化等途径，将工人从笨重的体力劳动中解放出来。

2. 制定工艺规程的主要依据（原始资料）

在制定工艺规程时，工艺人员必须认真研究以下原始资料：

① 产品的成套装配图和零件工作图；

② 产品验收的质量标准；

③ 产品的生产纲领；

④ 毛坯的生产条件及生产技术水平或协作关系等；

⑤ 工厂现有生产设备、生产能力、技术水平、外协条件等；

⑥ 新技术、新工艺的应用和发展情况；

⑦ 有关的工艺手册和资料以及国家的有关法规等。

3. 制定工艺规程的一般步骤

① 研究产品的装配图和零件图并对其进行工艺审查。分析产品零件图和装配图，熟悉产品用途、性能和工作条件，分析零件的结构工艺性分析。

② 确定生产类型。

③ 确定毛坯的种类和尺寸。在确定毛坯时要熟悉本厂毛坯车间（或专业毛坯厂）的技术水平和生产能力，各种钢材、型材的品种规格。

④ 选择定位基准和主要表面的加工方法，拟定零件的加工工艺路线。工艺路线是指产品或零部件在生产过程中，由毛坯准备到成品包装入库，经过企业各有关部门或工序的先后顺序。

⑤ 确定各工序的加工余量，计算工序尺寸、公差及其技术要求。

⑥ 选择各工序使用的机床设备及刀具、夹具、量具和辅助工具（工艺装备）。

⑦ 确定切削用量及时间定额。

⑧ 填写工艺文件。工艺文件是一些不同格式的卡片，填写完毕并经审批后，就可以在生产中指导工人操作和用于生产、工艺管理等。

4. 工艺规程的格式及应用

工艺规程是生产中使用的重要工艺文件，为了便于科学管理和交流，其格式都有相应的标准。常用的有以下两种。

① 机械加工工艺过程卡片　以工序为单位简要说明零件加工过程的一种工艺文件。它

以工序为单位列出零件加工的工艺路线（包括毛坯、机械加工和热处理），是制定其他工艺文件的基础。模具生产常为单件小批量生产，所以零件加工时普遍应用机械加工工艺过程卡片来指示加工过程。

② 机械加工工序卡片　在机械加工工艺过程卡片的基础上，按每道工序编制的一种工艺文件。一般绘有工序简图，并详细说明该工序每个工步的加工内容、工艺参数、操作要求以及使用的设备和工艺装备等。

机械加工工序卡片主要用于大批量生产中的零件加工，中批生产以及单件小批生产中的某些复杂零件。

机械加工工艺过程卡片见表 2-1。

表 2-1　机械加工工艺过程卡片

（公司名称）		机械加工工艺过程卡片	产品型号			零（部）件图号			共　页	
			产品名称			零（部）件名称			第　页	
材料牌号		毛坯外形尺寸			每毛坯件数		每台件数		每批质量	
工序号	工序名称	工序内容		车间	工段	设备	工艺装备		工　时	
									准终	单件
底图号										
装订号										
									编制（日期）	校对（日期） |会签（日期）
	标记	次数	更改文件号	签字	日期	标记	次数	更改文件号	签字	日期

四、产品图样的工艺分析

（一）零件的技术要求分析

零件的技术要求主要包括以下几个方面：

① 加工表面的尺寸精度和形状精度；

② 主要加工表面的形状精度；

③ 各加工表面之间以及加工表面和不加工表面之间的相互位置精度；

④ 加工表面粗糙度以及表面质量方面的其他要求；

⑤ 热处理及其他要求（如动平衡、未注圆角、去毛刺、毛坯要求等）。

首先，根据零件（导柱）主要加工表面的精度和表面质量的要求，初步确定为达到这些要求所需要的最终加工方法，然后再确定相应的中间工序及粗加工工序所需要的加工方法。

其次，要分析加工表面之间的相对位置要求，包括表面之间的尺寸联系和相对位置精度。认真分析零件图上尺寸的标注及主要表面的位置精度，即可初步确定个加工表面的加工顺序。

如图 2-6 所示为导柱零件图，分析该件的主要表面 $\phi 22_{-0.013}^{0}$ 外圆柱表面，尺寸精度要求为 IT6，表面粗糙度要求 $Ra0.8\mu m$，应选择外圆磨床来完成，该圆柱表面采用的终加工方法为磨削加工；另外 $\phi 22_{+0.050}^{+0.065}$ 外圆柱表面考虑到与 $\phi 22_{-0.013}^{0}$ 外圆柱表面有同轴度要求，也用外圆磨床同时加工来完成。其他表面终加工方法：结合主要表面的加工工序安排及其他表面加工精度的要求，其余回转面采用半精车加工，$\phi 3$ 孔采用钻床加工。

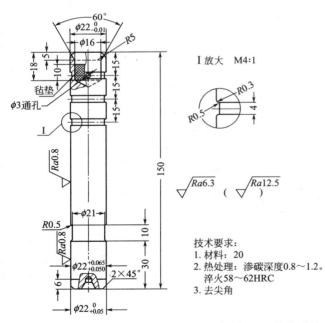

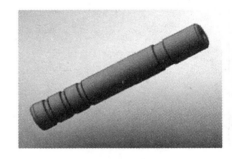

图 2-6　导柱零件图

$\phi 22_{-0.013}^{0}$ 与 $\phi 22_{+0.050}^{+0.065}$ 外圆柱表面表面加工路线确定：粗车—半精车—热处理—磨削；其余回转面：粗车—半精车；$\phi 3$ 孔—钻削。

零件的热处理要求影响加工方法和加工余量的选择，对零件的加工工艺路线的安排也有一定的影响。例如图 2-6 所示为导柱零件，热处理要求为表面渗碳淬火，采用此热处理工艺处理后一般变形较大，所以在安排精加工（磨削加工）余量时要适当加大余量。

在研究零件图时，如发现图样上的视图、尺寸标注、技术要求有错误或遗漏，或零件的工艺性不好时，应提出修改意见，确保在保证产品质量的前提下，更容易将零件加工出来。但修改时必须征得设计人员的同意，并经过一定的批准手续。

（二）零件的结构分析

由于使用要求不同，模具零件具有各种形状和尺寸。但是，从外形上加以分析，各种零件都是由一些基本的表面和异型表面组成的。基本表面有内外圆柱表面、圆锥表面和平面等，异型表面主要有螺旋面、渐开线齿形表面及其他成形表面等。外圆柱表面一般由车削和磨削加工出来，内圆柱表面则多通过钻、扩、铰、镗和磨削等加工方法获得，平面通常有刨或铣、磨削方法获得。除表面形状外，表面尺寸对工艺也有重要影响。以内圆柱表面为例，大孔与小孔、深孔与浅孔在工艺上均有不同的特点，要采用不同的加工方法。见后面典型零件加工案例。

（三）零件的结构工艺性分析

零件的结构工艺性是指所设计的零件，在能满足使用要求的前提下制造的可行性和经济性。它包括零件的整个工艺过程的工艺性，涉及面很广，具有综合性。

在对零件进行工艺性分析时，必须根据具体的生产类型和生产条件，全面、具体、综合地分析。

在制定机械加工工艺规程时，主要进行零件的切削加工工艺性分析，主要涉及如下几点。

① 工件应便于在机床或夹具上装夹，并尽量减少装夹次数。

② 刀具易于接近加工部位，便于进刀、退刀、越程和测量，以及便于观察切削情况等。

③ 尽量减少刀具调整和走刀次数。

④ 尽量减少加工面积及空行程，提高生产率。

⑤ 便于采用标准刀具，尽可能减少刀具种类。

⑥ 尽量减少工件和刀具的受力变形。

⑦ 改善加工条件，便于加工，必要时应便于采用多刀、多件加工。

⑧ 有适宜的定位基准，且定位基准至加工面的标注尺寸应便于测量。

表 2-2 为零件结构的切削加工工艺性示例。

表 2-2　零件结构切削加工工艺性示例

主要要求	结构工艺性		工艺性好的结构的优点
	不好	好	
1. 加工面积应尽量小			1. 减少加工数 2. 减少材料及切割工具的消耗量
2. 钻孔的入端和出端应避免斜图			1. 避免刀具损坏 2. 提高钻孔黏度 3. 提高生产率

主要要求	结构工艺性		工艺性好的结构的优点
	不好	好	
3. 避免斜孔			1. 简化夹具结构 2. 几个平行的孔便于同时加工 3. 减少孔的加工数
4. 孔的位置不能距离太近		S $S>D/2$ D	1. 可采用标准刀具和验具 2. 提高加工精度

五、毛坯的选择

（一）毛坯的种类

通常模具零件的毛坯形式主要分为原型材、锻件、铸件和半成品件四种。

（二）毛坯的选择

1. 原型材

原型材是指利用冶金材料厂提供的各种棒料、板料、带料或其他形状截面的型材，经过下料以后直接送往加工车间进行表面加工的毛坯。毛坯余量和毛坯公差的大小，生产中可参考有关工艺手册和标准确定。毛坯余量确定后，将毛坯余量附加在零件相应的加工表面上，即可大致确定毛坯的形状与尺寸。此外，在毛坯制造、机械加工及热处理时，还有许多工艺因素会影响到毛坯的形状与尺寸。

2. 锻件

经原型材下料，再经过锻造获得合理的几何形状和尺寸的模具零件材料。一般模具的工作零件常用锻件作为毛坯。

（1）锻造的目的 模具零件毛坯的材质状态如何，对于模具加工的质量和模具寿命都有较大的影响。特别是模具中的工作零件，大量使用高碳高铬钢，这类材料的冶金质量常存在缺陷，如存在大量的共晶网状碳化物。这种碳化物很硬也很脆，而且分布不均匀，降低了材料的力学性能，恶化了热处理工艺性能，降低了模具的使用寿命。只有通过锻造才能够打碎网状碳化物，并使碳化物分布均匀，晶粒组织细化，才能充分发挥材料的力学性能，提高模具零件的加工工艺性和使用寿命。

（2）锻件毛坯 由于模具生产大多属于单件小批生产，模具零件锻件毛坯的锻造方式多采用自由锻造。模具零件锻造的几何形状多为圆柱形、圆盘形、矩形等。

① 锻件的加工余量 锻件的加工余量应该考虑加工工时成本及充分保证锻件性能两个方面的因素。余量过大，不仅浪费了原材料，同时也增加了机械加工工时成本；锻件加工余量过小，锻造过程中产生的锻造夹层、表面裂纹、氧化层、脱碳层等锻造缺陷不易消除，无法得到合格的模具零件。

② 锻件下料尺寸的确定　合理选择圆棒料的尺寸规格和下料方式，对于保证锻件质量提高锻造工艺性有直接的影响。圆棒料的下料长度 L 与圆棒料的直径 d 之间应满足以下关系式：

$$L = (1.25 \sim 2.5)d$$

在满足上述关系式的前提下，应尽量选择小规格的圆棒料。

模具钢材料的下料方式一般采用锯床下料方式。为避免锻造时生成裂纹，应尽量不要锯一个切口后打断。若采用热切法下料，应该将毛刺除净，否则会在锻造时产生折叠而造成废品。

锻件毛坯下料尺寸的确定方法如下（按体积不变原则）：

$$V_{坯} = V_{锻} \times K$$

式中　$V_{锻}$——锻件的体积；

　　　K——损耗系数，一般 $K = 1.05 \sim 1.10$；

　　　$V_{坯}$——毛坯的体积，$D_{理} = \sqrt[3]{0.637 V_{坯}}$。

圆棒料的直径按现有棒料的直径规格选取 $D_{实} \geqslant D_{理}$。计算完成后，应该验算锻造比，应该满足 $L = (1.25 \sim 2.5)d$，否则重新选取 $D_{实}$。

3. 铸件

模具零件中常见的铸件有冲压模具的上、下模座及大型塑料模具的框架等，材料一般为灰口铸铁 HT200-400 和 HT250-450；精密冲裁模的上、下模座，材料为铸钢 ZG270-500；大、中型冲压成形模的工作零件，材料为球墨铸铁和合金铸铁；吹塑模具和注射模具会用到铸造铝合金，如铝硅合金 ZL102 等。

4. 半成品

随着模具向专业化和专门化方向发展以及模具标准化程度的提高，以商品形式出现的冲压模架、矩形凹模板、矩形模板、矩形垫板等零件，以及注塑模具标准模架的应用日益广泛。当采购这些半成品后，再进行一些补充加工，就可以满足不同的要求，对于降低模具成本和缩短模具制造周期大有好处。这种毛坯形式将成为模具零件毛坯的主要形式。

六、定位基准的选择

（一）基准及其分类

1. 基准的概念

零件是由若干表面组成的，各表面之间有一定的尺寸和相互位置要求。模具零件表面间的相对位置要求包括以下两个方面：表面之间的距离尺寸精度和相对位置精度（如同轴度、平行度、垂直度和圆跳动等）要求。研究模具零件各表面间的位置关系离不开基准，不明确基准就无法确定零件表面的位置。基准就是零件上用以确定其他点、线、面的位置所依据的点、线、面。用来确定生产对象上几何要素间的几何关系所依据的那些点、线、面称为基准。

2. 基准的分类

生产中可将基准做如下的分类：

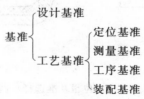

（1）设计基准 设计图样上所使用的基准称为设计基准。它是标注设计尺寸的起点。如图 2-7 所示零件。

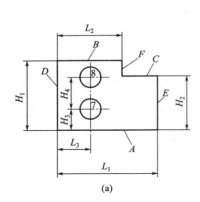 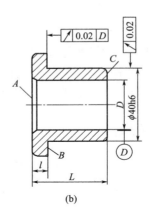

图 2-7 设计基准

如图 2-7（a）零件，在水平方向，平面 A 是平面 B、C 的设计基准，平面 A 也是孔 7 的设计基准，孔 7 又是孔 8 的设计基准；在垂直方向，平面 D 是平面 E、F 的设计基准，平面 D 也是孔 7 和孔 8 的设计基准。如图 2-7（b）所示的钻套零件，孔中心线是外圆与内孔的设计基准，也是端面 B 端面圆跳动的设计基准；端 A 面是端面 B、C 的设计基准。

（2）工艺基准 零件在加工和装配中所使用的基准称为工艺基准。工艺基准按用途不同可将其分为定位基准、测量基准、工序基准和装配基准。

① **定位基准** 在加工时使工件在机床或夹具中占据正确位置所用的基准，称为定位基准。定位基准又可分为粗基准和精基准。

a. **粗基准** 用作定位基准的表面，如果是没经过切削加工的毛坯面，则称为粗基准。

b. **精基准** 用作定位基准的表面，如果是经过切削加工的表面，称为精基准。

② **测量基准** 工件在测量、检验时所使用的基准称为测量基准。如图 2-7（b）所示的钻套零件。当以内孔为基准检验外圆的径向跳动和端面 B 的端面圆跳动时，内孔即为测量基准。

③ **工序基准** 在工序简图上用来确定本工序加工表面加工后的尺寸、形状、位置的基准称为工序基准。如钻套工序图 2-8（a）所示，A 面即是加工 B、C 面的工序基准。

④ **装配基准** 装配时用来确定零件或部件在产品中的相对位置所采用的基准称为装配

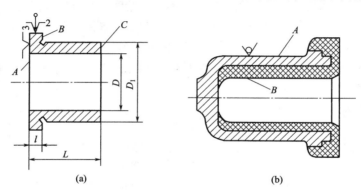

图 2-8 定位粗基准选择示例

基准。例如，图 2-7(b) 所示的外圆柱面 $\phi40h6$ 及端面 B 即为装配基准。

（二）定位基准的选择

1. 粗基准的选择

粗基准的选择对各加工表面后续加工余量的分配，以及工件上加工表面和非加工表面间的相对位置均有较大的影响。因此，粗加工基准的选择是非常重要的。粗加工基准为后续工序提供必要的定位基面，应遵循以下原则。

① 当零件上有一些表面不需要进行机械加工，且不加工表面与加工表面之间具有一定的相互位置精度要求时，应以不加工表面中与加工表面相互位置精度要求较高的不加工表面作为粗基准。如图 2-8(b) 所示，内孔和端面需要加工，外圆表面不需要加工。铸造时内孔 B 与外圆 A 之间有偏心。为了保证加工后零件的壁厚均匀（内外圆表面的同轴度较好），应以不加工表面外圆 A 作为粗基准加工孔 B（例如采用三爪卡盘夹持外圆 A）。

如图 2-9 所示的箱体零件，箱体内壁 A 面与 B 面均为不加工表面。为了防止位于孔 II 中心线上齿轮的外圆装配时与箱体内壁 A 面相碰，设计时已考虑留有间隙 Δ，并由加工尺寸 a、b 予以保证，如图 2-10 所示选择定为粗基准。

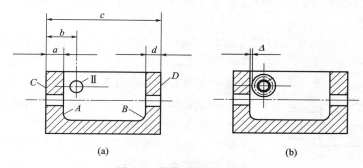

图 2-9　箱体零件加工示例

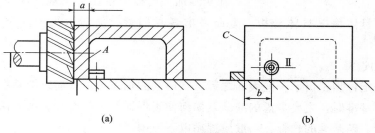

图 2-10　箱体零件加工定为粗基准选择示例

② 当零件上有较多的表面需要加工时，粗基准的选择应有利于各加工表面均能获得合理的加工余量。为此，应遵循以下原则。

a. 为使各加工表面都能得到足够的加工余量，应选择毛坯上加工余量最小的表面作为粗基准。如图 2-11 所示的阶梯轴，应选 $\phi55mm$ 外圆为粗基准，如果选 $\phi108mm$ 外圆为粗基准加工 $\phi55mm$ 外圆表面，当两外圆有 3mm 的偏心时，则加工后的 $\phi50mm$ 外圆表面的一侧可能会因余量不足而残留部分毛坯表面，从而使工件报废。

b. 为保证某重要加工表面的加工余量小而均匀，应以该重要加工表面作为粗基准。如

图 2-12(a) 所示。

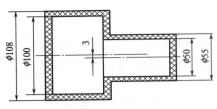

图 2-11　阶梯轴加工粗基准选择

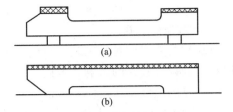

图 2-12　机床床身加工的粗基准选择

c. 当零件上有多个重要加工表面时，应选择加工余量要求最严格的那个表面作为粗基准。

d. 应尽可能使加工表面的金属切除量总和最小。以图 2-12 为例所示的机床床身零件，要求导轨面应有较好的耐磨性，以保持其导向精度。由于铸造时的浇注位置（床身导轨面朝下）决定了导轨面处的金属组织均匀而致密，在机械加工中，为保留这样良好的金属组织，应使导轨面上的加工余量尽量小而均匀。

③ 应尽量选择没有飞边、浇口、冒口或其他缺陷的平整表面作粗基准，使工件定位准确稳定，夹紧可靠。

④ 粗基准应尽量避免重复使用。通常在同一尺寸方向上（即同一自由度方向上）只允许使用一次。否则会因重复使用所产生的定位误差，会引起相应加工表面间出现较大的位置误差。

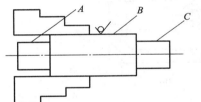

图 2-13　粗基准重复使用示例

如图 2-13 所示。工件以表面 B 为粗基准加工表面 A 之后，如果仍以表面 B 为粗基准加工表面 C，由于不能保证工件轴心线在前后两次装夹中位置的一致性，就必然导致加工出来的表面 A 与 C 之间产生较大的同轴度误差。

在实际加工过程中往往会出现几项内容互相矛盾的情况，此时需要具体情况具体分析，全面考虑各种因素，灵活运用上述原则，确保工件质量。

2. 精基准的选择

当以粗基准定位加工出了一些表面之后，在后续的加工中，就应以精基准作为主要的定位基准。选择精基准时，主要考虑的问题是如何便于保证加工精度和装夹方便、可靠，确保工件的加工质量。精基准的选择，一般应遵循以下原则。

(1) 基准重合原则（优先选择基准）　直接选用加工表面的设计基准（或工序基准）作为定位基准，称为基准重合原则。按照基准重合原则选用定位基准，便于保证加工精度，否则会产生基准不重合误差，影响加工精度。如图 2-14 所示，为基准重合的原则加工表面 C。

如图 2-15 所示为基准不重合的原则加工表面 C。表面 A、B 及底面 D 已经加工，现加工表面 C。当加工表面 C 的设计基准为表面 B，如果仍以表面 A 为定位基准，就违背了基准重合原则，会产生基准不重合误差。从图中可以明显看出，加工表面 C 相对设计基准 B 的位置精度不仅受到本工序加工误差的影响，而且还会受到由于基准不重合所带来的设计基准（B 面）相对定位基准（A 面）之间的位置误差的影响。

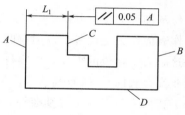

图 2-14　基准重合示例

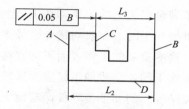

图 2-15　基准不重合示例

（2）基准统一原则　当工件以某一组精基准定位，可以比较方便地对其余多个表面进行加工时，应尽早地在工艺过程的开始阶段就把这组精基准加工出来，并达到一定的精度，在以后各道工序（或多道工序）中都以其作为定位基准，就称为基准统一原则。

采用基准统一原则的主要优点是：

① 多数表面采用同一组基准定位加工，避免了基准转换所带来的误差，有利于保证这些表面间的位置精度；

② 由于多数工序采用的定位基准相同，因而所采用的定位方式和夹紧方法也就相同或相近，有利于使各工序所用夹具基本上统一，从而减少了夹具设计和制造所需的时间和费用，简化了生产准备工作；

③ 为在一次装夹下有可能加工出更多的表面提供了有利条件。因而有利于减少零件加工过程中的工序数量，简化了工艺规程的制定。由于工件在加工过程中装夹次数减少，不仅减少了多次装夹所带来的装夹误差和装卸工件的辅助时间，并且为采用高效率的专用设备和工艺装备创造了条件。

（3）互为基准、反复加工原则　当工件上存在两个相互位置精度有要求的表面，可以认为它们彼此之间是互为基准的。如果这些表面本身的加工精度和其间的相互位置精度都有很高的要求，且均适宜作为定位基准时，则可采用互为定位基准的办法来进行反复加工。即先以其中一个表面为基准加工另一个表面，然后再以加工过的表面为定位基准加工刚才的基准面，如此反复进行几轮加工，就称为互为基准、反复加工原则。

这种加工方案不仅符合基准重合原则，而且在反复加工的过程中，基准面的精度愈来愈高，加工余量亦逐步趋于小而均匀，因而最终可获得很高的相互位置精度。

（4）自为基准原则　选择加工表面本身作为定位基准，称为自为基准原则。

有些精加工和光整加工工序要求加工余量必须小而均匀时，经常采用这一原则。如图 2-12 所示的机床床身零件在最后精磨床身导轨面时，经常在磨头上装上百分表，工件置于可调支承上，以导轨面本身为基准进行找正定位，保证导轨面与磨床工作台平行后，再进行磨削加工来保证磨削余量的小而均匀，以利于提高导轨面的加工质量和磨削生产率。有的加工方法，如浮动铰孔、拉孔、珩磨孔以及攻丝等，只有在加工余量均匀一致的情况下，才能保证刀具的正常工作。一般常采用刀具与工件相对浮动的方式来确定刀具与加工表面之间的正确位置。这些都是以加工表面本身作为定位基准的实例。

按自为基准原则加工时，只能提高加工表面本身的尺寸精度和形状精度，而不能提高其位置精度。加工表面与其他表面之间的位置精度，需由前面的有关工序来保证，或在后续工序中保证。

3. 辅助基准的应用

为了满足工艺上的需要，在工件上专门设计的定位基准称为辅助基准。

在机械加工时，一般均优先选择零件上的重要工作表面作为定位基准。但有时会遇到一些零件，这些重要的工作表面不适宜选作定位基准。这时为了定位的需要，将零件上的一些本来不需加工的表面或加工精度要求较低的表面（如非配合表面），按较高的精度加工出来，用作定位基准。例如轴类零件两端面上的顶尖孔，除了在加工时作为定位基准外，在零件的工作中不起任何作用，它是专为定位的需要而加工出来的。又如箱体类零件的加工中，常采用一面两孔定位，这两个孔的精度在设计上往往要求不高或在零件的使用上根本就不需要这两个孔，但却以较高的精度加工出来作为定位基准。

七、零件工艺路线的分析与拟定

在制定模具的加工工艺规程时，应结合国内外先进工艺及充分考虑本公司现有具体工艺装备、人员等情况，提出切实可行的工艺路线，以满足加工质量、生产效率等方面的要求。工艺路线制定的好坏会直接影响工人的劳动强度，设备、厂房的投资及生产成本的控制。

拟定工艺路线就是制定工艺过程的总体布局。其主要项目是选择工件各个表面的加工方法和加工方案，确定各个表面的加工顺序以及整个工艺过程中工序数目等。拟定工艺路线除要合理选择定位基准外，还要考虑表面的加工方法、加工阶段的划分、工序的集中与分散和加工顺序等 4 个方面的内容。

（一）加工方法和加工方案的选择

为了合理地选择表面的加工方法和加工方案，首先应了解生产中各种加工方法和加工方案的特点及其经济加工精度和经济粗糙度。

经济精度是指在正常加工条件下（采用符合质量标准的设备、工艺装备和标准技术等级的工人，不延长加工时间）所能保证的加工精度。

经济粗糙度的概念类同于经济精度的概念。

常用的加工方法所能达到经济精度及表面粗糙度见表 2-3～表 2-8。

表 2-3 外圆柱表面的加工方法及加工精度

序号	加工方法	经济精度（公差等级表示）	经济粗糙度 $Ra/\mu m$	适用范围
1	粗车	IT11～13	12.5～50	适用于淬火钢以外的各种金属
2	粗车—半精车	IT8～10	3.2～6.3	
3	粗车—半精车—精车	IT7～8	0.8～1.6	
4	粗车—半精车—精车—滚压（或抛光）	IT7～8	0.025～0.2	
5	粗车—半精车—磨削	IT7～8	0.4～0.8	主要用于淬火钢，也可用于加工未淬火钢，但不宜加工有色金属
6	粗车—半精车—粗磨—精磨	IT6～7	0.1～0.4	
7	粗车—半精车—粗磨—超精加工（或轮式超精磨）	IT5	0.012～0.1（或 $Rz0.1$）	
8	粗车—半精车—精车—精细车（金刚车）	IT6～7	0.025～0.4	主要用于要求较高的有色金属加工
9	粗车—半精车—粗磨—精磨—超精磨（或镜面磨）	IT5 以上	0.006～0.025（或 $Rz0.05$）	极高精度的外圆加工

表 2-4　**孔的加工方法及加工精度**

序号	加工方法	经济精度（公差等级表示）	经济粗糙度 $Ra/\mu m$	适用范围
1	钻	IT11～13	12.5	加工未淬火钢及铸铁的实心毛坯，也可用于加工有色金属，孔径小于15～20mm
2	钻—铰	IT8～10	1.6～6.3	
3	钻—粗铰—精铰	IT7～8	0.8～1.6	
4	钻—扩	IT10～11	6.3～12.5	加工未淬火钢及铸铁的实心毛坯，也可用于加工有色金属，孔径大于15～20mm
5	钻—扩—铰	IT8～9	1.6～3.2	
6	钻—扩—粗铰—精铰	IT7	0.8～1.6	
7	钻—扩—机铰—手铰	IT6～7	0.2～0.4	
8	钻—扩—拉	IT7～9	0.1～1.6	大批量生产（精度由拉刀的精度决定）
9	粗镗（或扩孔）	IT11～13	6.3～12.5	除淬火钢以外各种材料，毛坯有铸出孔或锻出孔
10	粗镗（粗扩）—半精镗（精扩）	IT9～10	1.6～3.2	
11	粗镗（粗扩）—半精镗（精扩）—精镗（铰）	IT7～8	0.8～1.6	
12	粗镗（粗扩）—半精镗（精扩）—精镗—浮动铰刀精镗	IT6～7	0.4～0.8	
13	粗镗（扩）—半精镗—磨孔	IT7～8	0.2～0.8	主要用于淬火钢，也可用于未淬火钢，但不宜用于有色金属
14	粗镗（扩）—半精镗—粗磨—精磨	IT6～7	0.1～0.2	
15	粗镗—半精镗—精镗—精细镗（金刚镗）	IT6～7	0.05～0.4	主要用于精度要求较高的有色金属加工
16	钻—（扩）—粗铰—精铰—珩磨；钻—（扩）—拉—珩磨；粗镗—半精镗—精镗—珩磨	IT6～7	0.025～0.2	精度要求很高的孔
17	以研磨代替上述方法的珩磨	IT5～6	0.006～0.1	

表 2-5　**平面的加工方法及加工精度**

序号	加工方法	经济精度（公差等级表示）	经济粗糙度 $Ra/\mu m$	适用范围
1	粗车	IT11～13	12.5～50	端面
2	粗车—半精车	IT8～10	3.2～6.3	
3	粗车—半精车—精车	IT7～8	0.8～1.6	
4	粗车—半精车—磨削	IT6～8	0.2～0.8	
5	粗刨（粗铣）	IT11～13	6.3～25	一般不淬硬平面（端铣表面粗糙度 Ra 较小）
6	粗刨（粗铣）—精刨（精铣）	IT8～10	1.6～6.3	
7	粗刨（粗铣）—精刨（精铣）—刮研（尽量不用）	IT6～7	0.1～0.8	精度要求较高的不淬硬平面，批量较大时宜采用宽刃精刨方案
8	以宽刃精刨代替上述刮研	IT7	0.2～0.8	
9	粗刨（粗铣）—精刨（精铣）—磨削	IT7	0.2～0.8	精度要求较高的淬硬平面或不淬硬平面
10	粗刨（粗铣）—精刨（精铣）—粗磨—精磨	IT6～7	0.025～0.4	

续表

序号	加工方法	经济精度 （公差等级表示）	经济粗糙度 $Ra/\mu m$	适用范围
11	粗铣—拉	IT7～9	0.2～0.8	大量生产，较小的平面（精度由拉刀的精度决定）
12	粗铣—精铣—磨削—刮研	IT5 以上	0.006～0.025 （或 $Rz0.05$）	高精度平面

表 2-6　外圆和内孔的几何形状精度（括号内的数字是新机床的精度标准）　　　　mm

机床类型			圆度误差	圆柱度误差
卧式车床	最大直径	≤400	0.02(0.01)	100：0.015(0.01)
		≤800	0.03(0.015)	300：0.05(0.03)
		≤1600	0.04(0.02)	300：0.06(0.04)
高精度车床			0.01(0.005)	150：0.02(0.01)
外圆车床	最大直径	≤200	0.006(0.004)	500：0.011(0.007)
		≤400	0.008(0.005)	1000：0.02(0.01)
		≤800	0.012(0.007)	0.025(0.015)
无心磨床			0.01(0.005)	100：0.008(0.005)
珩磨机			0.01(0.005)	300：0.02(0.01)
卧式镗床	镗杆直径	≤100	外圆 0.05(0.025) 内孔 0.04(0.02)	200：0.04(0.02)
		≤160	外圆 0.05(0.03) 内孔 0.04(0.025)	300：0.05(0.03)
		≤200	外圆 0.06(0.04) 内孔 0.05(0.03)	400：0.06(0.04)
内圆磨床	最大孔径	≤50	0.008(0.005)	200：0.008(0.005)
		≤200	0.015(0.008)	200：0.015(0.008)
		≤800	0.02(0.01)	200：0.02(0.01)
立式金刚镗			0.008(0.005)	300：0.02(0.01)

表 2-7　平面的几何形状和相互位置精度（括号内的数字是新机床的精度标准）　　　　mm

机床类型		平面度误差	平行度误差	垂直度误差	
				加工面对基面	加工面相互间
卧式铣床		300：0.06(0.04)	300：0.06(0.04)	150：0.04(0.02)	300：0.05(0.03)
立式铣床		300：0.06(0.04)	300：0.06(0.04)	150：0.04(0.02)	300：0.05(0.03)
插床	最大插削长度 ≤200	300：0.05(0.025)		300：0.05(0.025)	300：0.05(0.025)
	≤500	300：0.05(0.03)		300：0.05(0.03)	300：0.05(0.03)
平面磨床	立卧轴钜台		1000：0.025(0.015)		
	高精度磨床		500：0.009(0.005)		100：0.01(0.005)
	卧轴圆台		0.02(0.01)		
	立轴圆台		1000：0.03(0.02)		

续表

机床类型		平面度误差		平行度误差	垂直度误差	
					加工面对基面	加工面相互间
	最大刨削长度	加工上面	加工侧面			
牛头刨床	≤250	0.02(0.01)	0.04(0.02)	0.04(0.02)		0.06(0.03)
	≤500	0.04(0.02)	0.06(0.03)	0.06(0.03)		0.08(0.05)
	≤1000	0.06(0.03)	0.07(0.04)	0.07(0.04)		0.12(0.07)

表 2-8　孔的相互位置精度

加工方法	工件的定位	两孔中心线间或孔中心线到平面的距离误差/mm	在 1000mm 长度上孔中心线的垂直度误差/mm
立式钻床上钻孔	用钻模	0.1～0.2	0.1
	按画线	1.0～3.0	0.5～1.0
车床上钻孔	按画线	1.0～2.0	—
	用带滑座的角尺	0.1～0.3	—
铣床上镗孔	回转工作台	—	0.02～0.05
	回转分度头	—	0.05～0.1
坐标镗床上钻孔	光学仪器	0.004～0.015	
卧式镗床上钻孔	用镗模	0.05～0.08	0.04～0.2
	用块规	0.05～0.1	—
	回转工作台	0.06～0.30	—
	按画线	0.4～0.5	0.5～0.1

　　必须指出，经济精度的数值不是一成不变的，随着科学技术的发展，工艺的改进和设备与工艺装备的更新，加工经济精度会逐步提高。

　　一个有一定技术要求的零件表面，一般不是用一种工艺方法一次加工就能达到设计要求，所以对于精度要求较高的表面，在选择加工方法时，总是根据各种工艺方法所能达到的加工经济精度和表面粗糙度等因素，来选定它的最后加工方法。然后再选定前面一系列准备工序的加工方法和顺序，经过逐次加工达到其设计要求。

　　选择零件加工表面的加工方法和加工方案时，应综合考虑下列因素。

　　（1）被加工表面的精度和零件的结构形状　一般情况下所采用加工方法的经济精度，应能保证零件所要求的加工精度和表面质量。例如，材料为钢，尺寸精度为 IT7，表面粗糙度 $Ra=0.4\mu m$ 的外圆柱表面，用车削、外圆磨削都可以加工。但通过表 2-3，上述加工精度是外圆磨削的加工经济精度，而不是车削加工的经济精度，所以应该选用磨削加工方法作为达到工件加工精度的最终加工方法。

　　被加工表面的尺寸大小对选择加工方法也有一定影响。例如，孔径大时宜选用镗孔和磨孔，而不是选用铰孔；孔径小时正相反，选用铰孔方法较好。

　　选择加工方法还取决于零件的结构形状。如多圆孔冲孔凹模，不宜采用车削和内圆磨削加工；为保证孔的位置精度，宜采用坐标镗床加工或坐标磨床加工，或采用电火花线切割加工。

（2）零件材料的性质及热处理要求　对于加工质量要求高的有色金属零件，一般采用精细车、精细铣或金刚镗进行加工，应避免采用磨削加工，因磨削有色金属易堵塞砂轮。经淬火后的钢质零件宜采用磨削加工和特种加工。

（3）生产率和经济要求　所选择的零件加工方法，除保证产品的质量和精度要求外，应有尽可能高的生产率。尤其在大批量生产时，应尽量采用高效率的先进加工方法和设备，以达到大幅度提高生产效率的目的。

（4）现有生产条件　选择加工方法应充分利用现有设备，合理安排设备负荷，同时还应重视新工艺、新技术的应用。

（二）工艺阶段的划分

从保证加工质量、合理使用设备及人力等因素考虑，工艺路线按工序性质一般分为粗加工阶段、半精加工阶段和精加工阶段。对那些加工精度和表面质量要求特别高的表面，在工艺过程中还应安排光整加工阶段。

（1）粗加工阶段　其主要项目是切除加工表面上的大部分余量，使毛坯的形状和尺寸尽量接近成品。粗加工阶段，加工精度要求不高，切削用量、切削力都比较大，所以粗加工阶段主要考虑如何提高劳动生产率。

（2）半精加工阶段　为主要表面的精加工做好必要的精度和余量准备，并完成一些次要表面的加工（如钻孔、攻螺纹、切槽等）。对于加工精度要求不高的表面或零件，经半精加工后即可达到要求。

（3）精加工阶段　使精度要求高的表面达到规定的质量要求。要求的加工精度较高，各表面的加工余量和切削用量都比较小。

（4）光整加工阶段　其主要项目是提高被加工表面的尺寸精度和减小表面粗糙度，一般不能纠正形状和位置误差。对尺寸精度和表面粗糙度要求特别高的表面，才安排光整加工。

将工艺过程划分阶段有以下作用。

（1）保证产品质量　在粗加工阶段切除的余量较多，产生的切削力和切削热较大，工件所需要的夹紧力也大，因而使工件产生的内应力和由此引起的变形也大，所以粗加工阶段不可能达到高的加工精度和较小的表面粗糙度。完成零件的粗加工后，再进行半精加工、精加工，逐步减小切削用量、切削力和切削热。可以逐步减小或消除先行工序的加工误差，减小表面粗糙度，最后达到设计图样所规定的加工要求。

由于工艺过程分阶段进行，在各加工阶段之间有一定的时间间隔，相当于自然时效，使工件有一定的变形时间，有利于减少或消除工件的内应力。由变形引起的误差，可由后继工序加以消除。

（2）合理使用设备　由于工艺过程分阶段进行，粗加工阶段可以采用功率大、刚度好、精度低、效率高的机床进行加工，以提高生产率。精加工阶段可采用高精度机床和工艺装备，严格控制有关的工艺因素，以保证加工零件的质量要求。所以粗、精加工分开，可以充分发挥各类机床的性能、特点，做到合理使用，延长高精度机床的使用寿命。

（3）便于热处理工序的安排，使热处理与切削加工工序配合更合理　机械加工工艺过程分阶段进行，便于在各加工阶段之间穿插安排必要的热处理工序，既可以充分发挥热处理的效果，也有利于切削加工和保证加工精度。

（4）便于及时发现毛坯缺陷和保护已加工表面 由于工艺过程分阶段进行，在粗加工各表面之后，可及时发现毛坯缺陷（气孔、砂眼和加工余量不足等），以便修补或发现废品，以免将本应报废的工件继续进行精加工，浪费工时和制造费用。

应当指出，拟定工艺路线一般应遵循工艺过程划分加工阶段的原则，但是在具体运用时又不能绝对化，在生产中需按具体条件来决定。

（三）工序的划分

根据所选定的表面加工方法和各加工阶段中表面的加工要求，可以将同一阶段中各表面的加工组合成不同的工序。在划分工序时可以采用工序集中或分散的原则。如果在每道中安排的加工内容多，则一个零件的加工可集中在少数几道工序内完成，工序少，称为工序集中。在每道工序所安排的加工内容少，一个零件的加工分散在很多道工序内完成，工序多，称为工序分散。

工序集中具有以下特点。

① 工件在一次装夹后，可以加工多个表面，能较好地保证表面之间的相互位置精度；可以减少装夹工件的次数和辅助时间；减少工件在机床之间的搬运次数，有利于缩短生产周期。

② 可减少机床数量、操作工人，节省车间生产面积，简化生产计划和生产组织工作。

③ 采用的设备和工装结构复杂、投资大，调整和维修的难度大，对工人的技术水平要求高。

工序分散具有以下特点。

① 机床设备及工装比较简单，调整方便，生产工人易于掌握。

② 可以采用最合理的切削用量，减少机动时间。

③ 设备数量多，操作工人多，生产面积大。

在一般情况下，单件小批生产采用工序集中，大批量生产则工序集中和分散两者兼有。需根据具体情况，通过技术经济分析来决定。

（四）加工顺序的安排

1. 切削加工工序的安排

零件的被加工表面不仅有自身的精度要求，而且各表面之间还常有一定的位置要求，在零件的加工过程中要注意基准的选择与转换。安排加工顺序应遵循以下原则。

① 先加工基准表面，后加工其他表面。在零件加工的各阶段，应先把基准面加工出来，以便后继工序用它定位加工其他表面。

② 当零件分阶段进行加工时一般应遵守"先粗后精"的加工顺序，即先进行粗加工，再进行半精加工，最后进行精加工和光整加工。

③ 先加工主要表面，后加工次要表面。零件的工作表面、装配基面等应先加工。而键槽、螺孔等往往和主要表面之间有相互位置要求，一般应安排在主要表面之后加工。

④ 先加工平面，后加工内孔。对于箱体、模板类零件平面轮廓尺寸较大，用它定位，稳定可靠，一般总是先加工出平面，以平面作精基准，然后加工内孔。

2. 热处理工序的安排

热处理工序在工艺路线中的安排，主要取决于零件热处理的目的。

① 为改善金属组织和加工性能的热处理工序，如退火、正火和调质等，一般安排在粗加工前后。

② 为提高零件硬度和耐磨性的热处理工序，如淬火、渗碳淬火等，一般安排在半精加工之后，精加工、光整加工之前。渗氮处理温度低、变形小，且渗氮层较薄，渗氮工序应尽量安排靠后，如安排在工件粗磨之后，精磨、光整加工之前。

③ 时效处理工序，时效处理的目的在于减小或消除工件的内应力，一般在粗加工之后，精加工之前进行。对于高精度的零件，在加工过程中常进行多次时效处理。

3. 辅助工序安排

辅助工序主要包括检验、去毛刺、清洗、涂防锈油等。其中检验工序是主要的辅助工序。为了保证产品质量，及时去除废品，防止浪费工时，并使责任分明，检验工序应安排在：

① 零件粗加工或半精加工结束之后；

② 重要工序加工前后；

③ 零件送外车间（如热处理）加工之前；

④ 特种性能检验（磁力探伤、密封性能检验）前；

⑤ 零件全部加工结束之后，进入装配和成品库前；

⑥ 钳工去毛刺常安排在易产生毛刺的工序之后，检验及热处理工序之前。

加工顺序的安排是一个比较复杂的问题，影响的因素也比较多，应灵活掌握以上原则，注意积累生产实践经验。

八、加工余量与工序尺寸的确定

（一）加工余量的概念

1. 工序余量和加工总余量

工序余量是相邻两工序的工序尺寸之差。是被加工表面在一道工序中切除的金属层厚度。若以 Z_i 表示工序余量（i 表示工序号），对于图 2-16 所示加工表面，则有：

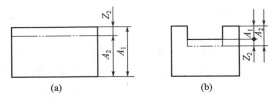

图 2-16　单边加工余量

$$Z_2 = A_1 - A_2 \quad [\text{图 2-16(a)}]$$
$$Z_2 = A_2 - A_1 \quad [\text{图 2-16(b)}]$$

式中　A_1——前道工序的工序尺寸；

　　　A_2——本道工序的工序尺寸。

图 2-16 所示加工余量是单边余量。对于对称表面或回转体表面，其加工余量是对称分布的，是双边余量，如图 2-17 所示。

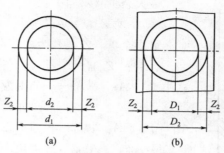

图 2-17　双边加工余量

对于轴　　　　　　　　　　　$2Z_2 = d_1 - d_2$　［图 2-17(a)］

对于孔　　　　　　　　　　　$2Z_2 = D_2 - D_1$　［图 2-17(b)］

式中　　$2Z_2$——直径上的加工余量；

　　d_1、D_1——前道工序的工序尺寸（直径）；

　　d_2、D_2——本道工序的工序尺寸（直径）。

加工总余量是毛坯尺寸与零件图的设计尺寸之差。也称毛坯余量。它等于同一加工表面各道工序的余量之和，即

$$Z_总 = \sum_{i=1}^{n} Z_i$$

式中　　$Z_总$——总余量；

　　Z_i——第 i 道工序的余量；

　　n——工序数目。

轴和孔的毛坯余量及各工序余量的分布情况见图 2-18 所示。

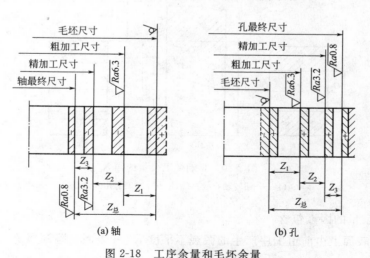

图 2-18　工序余量和毛坯余量

2. 基本余量、最大余量、最小余量

由于毛坯尺寸和工序尺寸都有制造公差，总余量和工序余量都是变动的。所以加工余量有基本余量、最大余量和最小余量三种。如图 2-19 所示。

基本余量（Z_i）为　　　　　　　　　$Z_i = A_{i-1} - A_i$

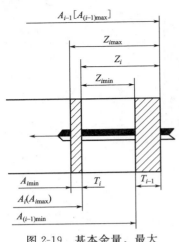

图 2-19 基本余量、最大
余量、最小余量

最大余量（$Z_{i\max}$）为

$$Z_{i\max} = A_{(i-1)\max} - A_{i\min} = Z_i + T_i$$

最小余量（$Z_{i\min}$）为

$$Z_{i\min} = A_{(i-1)\min} - A_{i\max} = Z_i - T_{i-1}$$

式中　　A_{i-1}、A_i——分别为前道和本道工序的基本工序
尺寸；

$A_{(i-1)\max}$、$A_{(i-1)\min}$——前道工序的最大、最小工序尺寸；

$A_{i\max}$、$A_{i\min}$——本道工序的最大、最小工序尺寸；

T_{i-1}、T_i——分别为前道和本道工序的工序尺寸
公差。

加工余量的变化范围称为余量公差（T_{zi}），它等于前
道工序和本道工序的工序尺寸公差之和。即

$$T_{zi} = T_{i\max} - T_{i\min} = (Z_i + T_i) - (Z_i - T_{i-1}) = T_i + T_{i-1}$$

（二）影响加工余量的因素

加工余量的大小直接影响零件的加工质量和成本。余量过大，使机械加工的劳动量增
加，生产率下降，增加材料、工具、动力的消耗。余量过小，不易保证产品质量，甚至出现
废品。

确定工序余量的基本要求：各工序所留的最小加工余量能保证被加工表面在前道工序所
产生的各种公差和表面缺陷被相邻的后续工序去除，使加工质量提高。以车削图 2-20（a）所
示圆柱孔为例，分析影响加工余量大小的因素，如图 2-20（b）、（c）所示，图中尺寸 d_1、d_2
分别为前道和本道工序的工序尺寸。

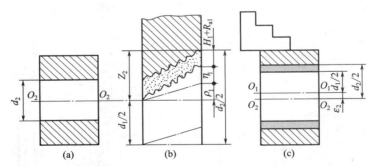

图 2-20 影响加工余量的因素

O_2O_2——回转轴心线；O_1O_1——加工前孔的轴心线

影响加工余量的因素包含：

① 被加工表面上由前道工序产生的微观不平度 R_{a1} 和表面缺陷深度 H_1；

② 被加工表面上由前道工序产生的尺寸误差和几何形状误差，一般形状误差 η_1 已包含
在前道工序的工序尺寸公差 T_1 范围内，所以只将 T_1 计入加工余量；

③ 前道工序引起的被加工表面的位置误差 ρ_1；

④ 本道工序的装夹误差 ε_2，这项误差会影响切削刀具与被加工表面的相对位置，所以
也应计入加工余量。

ρ_1 和 ε_2 在空间有不同的方向，所以在计算加工余量时应按两者的矢量和进行计算。

按照确定工序余量的基本要求，对于对称表面或回转体表面，工序的最小余量应按下列公式计算

$$2Z_2 \geqslant T_1 + 2(R_{a1} + H_1) + 2|\rho_1 + \varepsilon_2|$$

对于非对称表面，其加工余量是单边的可按下式计算

$$Z_2 \geqslant T_1 + R_{a1} + H_1 + |\rho_1 + \varepsilon_2|$$

（三）确定加工余量的方法

1. 经验估计法

根据工艺人员和工人的长期生产实际经验，采用类比法来估计确定加工余量的大小。此法简单易行，但有时为经验所限，为防止余量不够产生废品，估计的余量一般偏大。多用于单件小批生产。

2. 分析计算法

以一定的试验资料和计算公式为依据，对影响加工余量的诸因素进行逐项的分析计算，以确定加工余量的大小。此方法所确定的加工余量经济合理，但要有可靠的实验数据和资料，计算较繁杂，仅在贵重材料及某些大批生产和大量生产中采用。

3. 查表修正法

以有关工艺手册和资料所推荐的加工余量为基础，结合实际加工情况进行修正以确定加工余量的大小。此法应用较广。查表时应注意表中数值是单边余量还是双边余量。

（四）工序尺寸及其公差的确定

某工序加工应达到的尺寸称为工序尺寸。正确确定工序尺寸及其公差是制定零件工艺规程的重要工作内容之一。工序尺寸及其公差的大小不仅受到加工余量的影响，而且与工序基准的选择有密切关系。下面分两种情况进行讨论。

1. 工艺基准与设计基准重合时工序尺寸及其公差的确定

生产上绝大部分加工面都是在工艺基准与设计基准重合的情况下进行加工的。这种情况下，同一表面经过多次加工才能达到精度要求，按下面方法确定各道工序的工序尺寸及其公差：

① 确定加工总余量和各工序（工步）余量；

② 计算各工序尺寸　按查表法从终加工工序开始（即从设计尺寸开始）到第二道工序，依次加上每道加工工序余量，可以得到各加工工序的基本尺寸；

③ 确定各工序尺寸的公差　除终加工工序以外，其他各加工工序按各自所采用的加工经济精度通过查表法，计算法确定工序尺寸公差（终加工工序的公差按设计要求确定）；

④ 标注工序尺寸偏差：按"入体原则"标注各工序尺寸偏差，毛坯标注双向偏差。

一般外圆柱面和内孔加工多属这种情况。按基本余量计算各工序尺寸，是由最后一道工序开始向前推算。精加工余量不至于过大或过小。

【**例 2-1**】　加工外圆柱面，设计尺寸为 $\phi 40^{+0.050}_{+0.034}$ mm，表面粗糙度 $Ra < 0.4 \mu m$。加工的工艺路线为粗车—半精车—磨外圆。用查表法确定毛坯尺寸、各工序尺寸及其偏差。

先从有关资料或手册查取各工序的基本余量及各工序的工序尺寸公差（表 2-9）。公差带方向按入体原则确定。最后一道工序的加工精度应达到外圆柱面的设计要求，其工序尺寸

为设计尺寸 $\phi 40^{+0.050}_{+0.034}$ mm。其余各工序的工序基本尺寸为相邻后续工序的基本尺寸，加上该后续工序的基本余量。经过计算得各工序的工序尺寸如表 2-9 所示。

表 2-9　加工 $\phi 40^{+0.050}_{+0.034}$ 外圆柱面的工序尺寸计算　　　　　　　　　　　mm

工序	工序余量	工序尺寸公差	工序尺寸
磨外圆	0.6	0.016(IT6)	$\phi 40^{+0.050}_{+0.034}$
半精车	1.4	0.062(IT9)	$\phi 40.6^{\ 0}_{-0.062}$
粗车	3	0.25(IT12)	$\phi 42^{\ 0}_{-0.25}$
毛坯	5	4	$\phi 45 \pm 2$

验算磨削余量：

直径上最大余量　　　　　$(40.6-40.034)$mm$=0.566$mm<0.6mm

直径上最小余量　　　　　$(40.538-40.050)$mm$=0.488$mm<0.6mm

验算结果表明，磨削余量是合适的。

2. 工艺基准与设计基准不重合时工序尺寸及其公差的确定

根据加工的需要，在工艺附图或工艺规程中所给出的尺寸称为工艺尺寸。它可以是零件的设计尺寸，也可以是设计图上没有而检验时需要的测量尺寸或工艺过程中的工序尺寸等。当工艺基准和设计基准不重合时，要将设计尺寸换算成工艺尺寸就需要用工艺尺寸链进行计算。

（1）工艺尺寸链的概念　在零件的加工过程中，被加工表面以及各表面之间的尺寸都在不断的变化，这种变化无论是在一道工序内，还是在各工序之间都有一定的内在联系。运用工艺尺寸链理论去揭示这些尺寸间的相互关系，是合理确定工序尺寸及其公差的基础，已成为编制工艺规程时确定工艺尺寸的重要手段。

在机械制造中，称这种相互联系且按一定顺序排列的封闭尺寸组合为尺寸链。如图2-21(c) 所示。

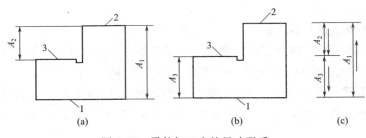

图 2-21　零件加工中的尺寸联系

（2）工艺尺寸链的组成　组成工艺尺寸链的每一个尺寸称为工艺尺寸链的环。图 2-21(c)所示尺寸链有 3 个环。

在加工过程中直接保证的尺寸称为组成环，用 A_i 表示，如图 2-21 中的 A_1、A_3。

在加工过程中间接得到的尺寸称为封闭环，用 A_Σ 表示。图 2-21(c) 中 A_Σ 为尺寸 A_2。

由于工艺尺寸链是由一个封闭环和若干个组成环所组成的封闭图形，故尺寸链中组成环尺寸变化必然引起封闭环的尺寸变化。当某组成环增大（其他组成环保持不变），封闭环也之增大时，则该组成环称为增环，以 $\overrightarrow{A_i}$ 表示，如图 2-21（c）中的 A_1。当某组成环增大（其他组成环保持不变），封闭环反而减小，则该组成环称为减环，以 $\overleftarrow{A_i}$ 表示，如图 2-21（c）中的 A_3。

为了迅速确定工艺尺寸链中各组成环的性质，可先在尺寸链图上平行于封闭环，沿任意方向画一箭头，然后沿此箭头方向环绕工艺尺寸链，平行于每一个组成环依次画出箭头，箭头指向与环绕方向相同，如图 2-21（c）所示。箭头指向与封闭环箭头指向相反的组成环为增环如图中（A_1），相同为减环如图中（A_3）。

应着重指出，正确判断出尺寸链的封闭环是解工艺尺寸链最关键的一步。如果封闭环判断错了，整个工艺尺寸链的解算也就错了。所以在确定封闭环时，要根据零件的工艺方案紧紧抓住间接得到的尺寸这一要点。

（3）工艺尺寸链的计算 计算工艺尺寸链的目的是要求出工艺尺寸链中某些环的基本尺寸及上、下偏差。计算方法有极值法和概率法两种。

用极值法解工艺尺寸链，是以尺寸链中各环的最大极限尺寸和最小极限尺寸为基础进行计算的。表 2-10 和图 2-22 列出了计算工艺尺寸链用到的尺寸及偏差（或公差）符号。

表 2-10　工艺尺寸链的尺寸及偏差符号

环　名	符 号 名 称						
	基本尺寸	最大尺寸	最小尺寸	上偏差	下偏差	公差	平均尺寸
封闭环	A_Σ	$A_{\Sigma max}$	$A_{\Sigma min}$	ESA_Σ	EIA_Σ	T_Σ	$A_{\Sigma m}$
增环	$\overrightarrow{A_i}$	$\overrightarrow{A}_{imax}$	$\overrightarrow{A}_{imin}$	$ES\overrightarrow{A_i}$	$EI\overrightarrow{A_i}$	$\overrightarrow{T_i}$	$\overrightarrow{A}_{im}$
减环	$\overleftarrow{A_i}$	$\overleftarrow{A}_{imax}$	$\overleftarrow{A}_{imin}$	$ES\overleftarrow{A_i}$	$EI\overleftarrow{A_i}$	$\overleftarrow{T_i}$	$\overleftarrow{A}_{im}$

工艺尺寸链计算的基本公式如下。

验算：用极值法解尺寸链时，各组成环的尺寸公差与封闭环尺寸公差应满足公式：

$$T_\Sigma = \sum_{i=1}^{n-1} T_i$$

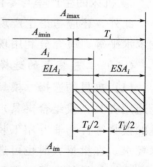

图 2-22　尺寸和偏差关系图

可以用此公式验算结果是否正确。若按公式得出某一尺寸公差值 ≤ 0，应根据工艺实施的可行性，考虑压缩组成环的公差，使得该公式得到满足，以便应用极值法求解尺寸链，或者采用改变工艺方案的办法来解决这种问题。如复习思考题 26，应根据加工经济精度等级压缩尺寸 $75_{-0.15}$、$90_{-0.15}$ 两个尺寸的公差至 IT9 级，以满足上面公式要求。

$$A_\Sigma = \sum_{i=1}^{m} \overrightarrow{A_i} - \sum_{i=m+1}^{n-1} \overleftarrow{A_i}$$

$$A_{\Sigma max} = \sum_{i=1}^{m} \overrightarrow{A}_{imax} - \sum_{i=m+1}^{n-1} \overleftarrow{A}_{imax}$$

$$A_{\Sigma min} = \sum_{i=1}^{m} \overrightarrow{A}_{imin} - \sum_{i=m+1}^{n-1} \overleftarrow{A}_{imin}$$

$$ESA_{\Sigma} = \sum_{i=1}^{m} ES\overrightarrow{A}_i - \sum_{i=m+1}^{n-1} EI\overleftarrow{A}_i$$

$$EIA_{\Sigma} = \sum_{i=1}^{m} EI\overrightarrow{A}_i - \sum_{i=m+1}^{n-1} ES\overleftarrow{A}_i$$

$$T_{\Sigma} = \sum_{i=1}^{n-1} T_i$$

$$A_{\Sigma m} = \sum_{i=1}^{m} \overrightarrow{A}_{im} - \sum_{i=m+1}^{n-1} \overleftarrow{A}_{im}$$

$$A_{\Sigma m} = \sum_{i=1}^{m} \overrightarrow{A}_{im} - \sum_{i=m+1}^{n-1} \overleftarrow{A}_{im} \qquad A_{im} = \frac{A_{imax} + A_{imin}}{2}$$

式中　A_{im}——组成环平均尺寸；

　　　　n——包括封闭环在内的尺寸链总环数；

　　　　m——增环数目；

　　　　$n-1$——组成环（包括增环和减环）的数目。

九、机床与工艺装备的选择

制定机械加工工艺规程时，正确选择机床与工艺装备是保证零件加工质量要求，提高生产率及经济性的一项重要措施。

（一）机床的选择

选用的机床应与所加工的零件相适应，应满足以下要求：

① 机床的精度与加工零件的技术要求相适应；

② 机床的主要尺寸规格与加工零件的尺寸大小相适应；

③ 机床的生产率与零件的生产类型相适应。

此外，还应考虑生产现场的实际情况，即现有设备的实际精度、负荷情况以及操作者的技术水平等，应充分利用现有的机床设备。

（二）工艺装备的选择

(1) 夹具的选择　模具的生产，大都属于单件小批生产，使用高效夹具不多，应尽量选择通用夹具（或组合夹具），如标准卡盘、平口钳、转台等。但对于某些结构复杂、精度很高的模具零件，非专用工装难以保证其加工质量时，也应使用必要的简易工装，以保证其技术要求。在批量大时也可选择适当数量的专用夹具以提高生产效率。

(2) 刀具的选择　刀具的选择主要取决于所确定的加工方法、工件材料、所要求的加工精度、生产率和经济性、机床类型等。原则上应尽量采用标准刀具，必要时可采用各种高生产率的复合刀具和专用刀具。刀具的类型、规格以及精度等级应与加工要求相适应。

(3) 量具的选择　量具的选择主要根据检验要求的准确度和生产类型来决定。所选用量具能达到的准确度应与零件的精度要求相适应。单件小批生产广泛采用通用量具，大批量生产则采用极限量规及高生产率的检验仪器。

【复习思考题】

1. 如何理解机械加工生产过程和工艺过程？
2. 机械加工工艺过程中的工序、安装、工位、工步的区别与联系是什么？

3. 冲压模具生产应该是哪种生产类型?

4. 冲压模具的精度和刚度包括哪些内容?

5. 冲压模具的成本构成是怎样的?

6. 影响冲压模具寿命的因素有哪些?

7. 简述制定机械加工工艺规程的原则、主要依据。

8. 简述制定机械加工工艺规程的步骤。

9. 简述机械加工工艺规程的作用。

10. 零件的技术要求主要包括哪些内容?

11. 零件的结构分析主要包括哪些内容?

12. 零件的结构工艺性分析主要包括哪些?

13. 制造冲压模具零件可选择的毛坯形式有哪些?

14. 冲压模具工作零件的毛坯怎样选取?

15. 基准分为设计基准和工艺基准,它们的主要区别是什么?

16. 简述定位粗基准的概念。怎样选择定位粗基准?

17. 简述定位精基准的概念。怎样选择定位精基准?

18. 简述经济精度和经济粗糙度的概念。

19. 常用的机械加工方法有哪些?选择加工方案应注意哪些问题?

20. 为什么要进行工艺阶段的划分?一般应该怎样划分?

21. 怎样进行加工工序的安排?怎样安排热处理工序及辅助工序?

22. 怎样确定加工工序尺寸、工序尺寸公差、工序尺寸?

23. 为什么要进行工艺尺寸链计算?

24. 图 2-23(a) 所示为轴类零件简图,其内孔、外圆和各端面均以加工完毕,试分别计算图 (b) 中 3 种定位方案钻孔时的工序尺寸及偏差。

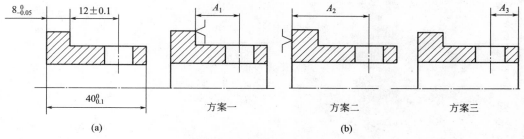

图 2-23 轴类零件定位方案图

25. 有一小轴,毛坯为热轧棒料,大量生产的工艺路线为粗车—精车—淬火—粗磨—精磨,外圆设计尺寸为 $\phi 30_{-0.013}^{0}$ mm,已知各工序的加工余量和经济精度,确定各工序尺寸及其偏差、毛坯尺寸及粗车余量,并填入下表(余量为双面余量)。

工序名称	工序余量	经济精度	工序尺寸及偏差	工序名称	工序余量	经济精度	工序尺寸及偏差
精磨	0.1	0.013(IT6)		粗车		0.25(IT12)	
粗磨	0.4	0.039(IT8)		毛坯尺寸	4(总余量)		$\phi 34_{-1}^{+1}$
半精车	1.1	0.01(IT10)					

26. 如图 2-24 所示轴套及轴向尺寸。其外圆柱、内孔及端面均已加工。试求以 B 面定位钻 $\phi 10$mm 孔的工序尺寸 L 及其偏差?画出尺寸链图,指出封闭环、增环、减环。

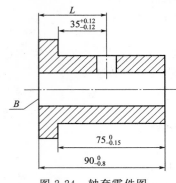

图 2-24　轴套零件图

27. 制定机械加工工艺规程时怎样选择机床？
28. 工艺装备包括哪些内容？怎样选择？

项目三　模架零件的加工

【学习目标】

① 掌握零件的工艺性分析。

② 掌握零件加工中基准的选择。

③ 掌握零件切削加工中应遵循的基本原则。

④ 掌握热处理工序的安排。

⑤ 了解组成模架各个零件的典型结构。

⑥ 了解各零件之间的配合关系。

【职业技能】

① 零件的结构及技术要求对加工的影响。

② 能根据零件工艺性分析的结果正确选取加工方法。

③ 具有编制模架零件的加工工艺的能力。

冷冲压模具包括模架、工作零件及其他结构零件。

模架是用来安装模具的工作零件和其他结构零件，并保证模具的工作部分在工作时具有正确的相对位置。图 3-1 是常见的滑动导向的冷冲模模架。尽管这些模架的结构各不相同，但它们的主要组成零件上模座、下模座都是平板类零件，在工艺上主要是进行平面及孔系的加工。模架中的导套和导柱是机械加工中常见的套类和轴类零件，主要是进行内、外圆柱表面的加工。所以本学习项目仅以后侧导柱模的模架为例，讨论模架组成零件：上、下模座、导柱、导套的加工工艺。

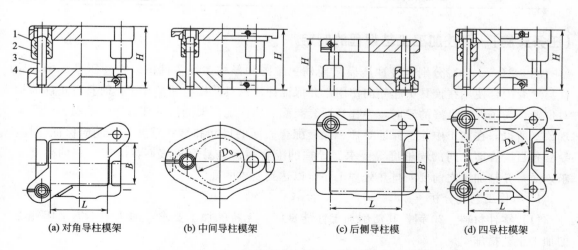

(a) 对角导柱模架　　　(b) 中间导柱模架　　　(c) 后侧导柱模　　　(d) 四导柱模架

图 3-1　常见的滑动导向的冷冲模模架

1—上模座；2—导套；3—导柱；4—下模座

任务一   导柱的加工

【任务描述】

冲压模具零件有许多都是外圆柱表面组成的，如冲头、导柱、导套、顶杆等的外形都是外圆柱面。在加工过程中，除了要保证各加工表面的尺寸精度外，还必须要保证各相关表面的同轴度、垂直度要求。一般可采用车削进行粗加工，经过热处理后在外圆磨床上进行精加工，有时还要经过研磨才能达到设计要求。表 3-1 为外圆柱表面的加工方法及加工精度，根据零件具体尺寸精度、形位精度及表面粗糙度的要求并结合零件技术要求，综合选择零件的加工方法。

表 3-1   导柱加工工艺方案

工序号	工序名称	工序内容的要求	设备	工艺装备
1	备料	截取 $\phi27\times160$ 料,材质 20 钢	锯床	
2	车端面打中心孔	车端面保证长度 151.5,打中心孔。掉头车端面至长度 150,打中心孔	车床	三爪卡盘,75°偏刀,中心钻
3	车外圆	以中心孔定位,粗车、半精车外圆柱面至尺寸 $\phi22.7_{-0.052}^{\ 0}$,切沟槽至尺寸,倒角	车床	顶尖,拨盘,45°、90°偏刀
4	钳工	钻削加工 $\phi3$ 孔加工至尺寸	立钻	$\phi3$ 麻花钻、V 形架
5	检验	按照工序尺寸检验		卡尺
6	热处理	渗碳处理:渗碳深度 0.8～1.2,增加 0.4～0.6 后序加工余量,硬度 60～64HRC		
7	研中心孔	研修中心孔,调头研修另一端中心孔	车床	铸铁研磨头
8	磨外圆	磨 $\phi22_{-0.013}^{\ 0}$ 外圆柱面,留研磨余量 0.01 并磨圆角,保证尺寸 $\phi22.01_{-0.021}^{\ 0}$ 及表面粗糙度 磨 $\phi22_{-0.050}^{+0.065}$ 外圆柱面,留研磨余量 0.01 并磨圆角,保证相应尺寸 $\phi22.2_{-0.021}^{\ 0}$ 公差及表面粗糙度	磨床	砂轮
9	研磨	研磨外圆柱面 $\phi22_{-0.013}^{\ 0}$ 和 $\phi22_{+0.050}^{+0.065}$ 至尺寸,抛光圆角 $R5$	车床	研磨套、研磨膏
10	检验	按照图纸检验		外径千分尺、卡尺

【任务实施】   导柱加工工艺规程的制定

图 3-2(a)、(b) 分别是冷冲压模具导柱三维图和导柱二维零件图。在冲压模具中，导柱与导套配合使用在模具中起导向作用，并保证冲压模具凸模与凹模在工作时具有正确的相对位置。为了保证良好的导向，导柱、导套装配后应保证模架的活动部分运动平稳，无滞阻现象。所以，在加工中除了保证导柱、导套配合表面的尺寸和形状精度外，还应保证导柱、导套各自配合面之间的同轴度等要求。导柱的配合表面是易磨损表面，应有一定的硬度要求，通常在精加工之前要安排热处理工序，以达到要求的硬度。

1. 零件工艺性分析

(1) 零件材料   20 钢，其切削加工性能良好，无特殊加工要求，加工中不需采用特殊的加工工艺措施。

(2) 零件组成表面   外圆表面 $\phi22$，$\phi21$，端面及台阶面，通槽、油槽等，小孔 $\phi3$、轴向顶端孔、顶尖孔、倒角等。

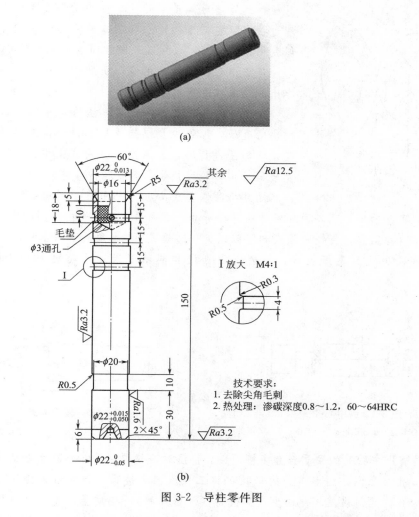

图 3-2　导柱零件图

（3）零件主要表面　$\phi22$ 外圆柱表面与导套间隙配合，$\phi22$ 外圆柱表面为工作面，其中心线又为基准面，为保证导柱加工过程中 $\phi22^{~0}_{-0.013}$ 和 $\phi22^{+0.065}_{+0.050}$ 两外圆柱表面之间的位置精度和均匀的磨削余量，对外圆柱表面的车削和磨削一般采用设计基准和工艺基准重合的两端中心孔定位。因此，在车削和磨削之前需先加工中心孔，为后续工序提供可靠的定位基准（定位精基准）。中心孔加工的形状精度对导柱的加工质量有着直接的影响。另外，保证中心孔与顶尖之间的良好配合也是非常重要的。导柱中心孔在热处理后需修正，以消除热处理变形和其他缺陷，使磨削外圆柱面时获得准确定位，保证外圆柱面的形状和位置精度。

【相关知识】　中心孔的形状精度和同轴度对导柱加工精度的影响。

在导柱的加工过程中，外圆柱面的车削和磨削都是以两端的中心孔定位，外圆柱面的设计基准与工艺基准重合，并使主要工序的定位基准统一，易于保证柱面间的位置精度和使各磨削表面有均匀的磨削余量。所以，在外圆柱面进行车削和磨削之前总是先加工中心孔，以便为后续工序提供可靠的定位基准。两中心孔的形状精度和同轴度，对加工精度有直接影响。若中心孔有较大的同轴度误差，将使中心孔和顶尖不能良好接触，影响加工精度。尤其当中心孔出现圆度误差时，将直接反映到工件上，使工件也产生圆度误差，如图 3-3 所示。

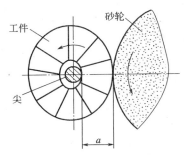

图 3-3　中心孔的圆度误差
使工件产生圆度误差

导柱在热处理后修正中心孔，目的在于消除中心孔在热处理过程中可能产生的变形和其他缺陷，使磨削外圆柱面时能获得精确定位，以保证外圆柱面的形状精度要求。

修正中心孔可以采用磨、研磨和挤压等方法。可以在车床、钻床或专用机床进行。

图 3-4 是在车床上用磨削方法修正中心孔。在被磨削的中心孔处，加入少量煤油或机油，手持工件并通过尾顶尖适当施压进行磨削。用这种方法修正中心孔效率高，质量较好。但砂轮磨损快，需要经常修整。

用研磨法修整中心孔，是用锥形的铸铁研磨头代替锥形砂轮，在被研磨的中心孔表面加研磨剂进行研磨。如果用一个与磨削外圆的磨床顶尖相同的铸铁顶尖作研磨工具，将铸铁顶尖和磨床顶尖一道磨出 60°锥角后研磨出中心孔，可保证中心孔和磨床顶尖达到良好配合，能磨削出圆度和同轴度误差不超过 0.002mm 的外圆柱面。

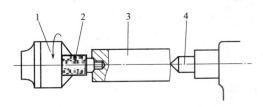

图 3-4　磨中心孔

1—三爪自定心卡盘；2—砂轮；3—工件；4—尾顶尖

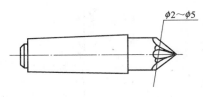

图 3-5　多棱顶尖

图 3-5 是挤压中心孔的硬质合金多棱顶尖。挤压时多棱顶尖装在车床主轴的锥孔内，其操作和磨中心孔相类似，利用车床的尾顶尖将工件压向多棱顶尖，通过多棱顶尖的挤压作用，修正中心孔的几何误差。此法生产率极高（只需几秒），但质量稍差，一般用于修正精度要求不高的中心孔。

(4) 主要技术条件分析　导柱零件图中 $\phi22_{-0.013}^{0}$ 外圆尺寸精度要求 IT6、表面粗糙度要求 $Ra0.8\mu m$。它是本零件中加工精度要求最高的部位也是主要精基准，图中 $\phi22_{-0.013}^{0}$ 和 $\phi22_{+0.050}^{+0.065}$ 两外圆保证同轴，加工时需一次完成。热处理为表面渗碳处理，渗碳处理时应保证渗碳层厚度及硬度。

2. 零件加工工艺方案设计

(1) 毛坯选择　按零件加工要求可选择棒料，根据市场材料的规格标准，比较接近并能满足加工余量要求的材料为 $\phi27mm$ 的棒料。

(2) 零件各表面终加工方法及加工路线

① 主要表面采用的终加工方法　$\phi22_{-0.013}^{0}$ 外圆尺寸精度要求 IT6，表面粗糙度要求 $Ra0.8\mu m$，应选择外圆磨床来完成；另外 $\phi22_{+0.050}^{+0.065}$ 外圆考虑到与 $\phi22_{-0.013}^{0}$ 外圆的同轴度要求，也用外圆磨床同时加工来完成。为了进一步提高圆柱表面质量，即提高表面精度和降低表面粗糙度数值，以达到设计要求，在磨削后要加研磨工序。

② 其他表面终加工方法　结合主要表面的加工工序安排及其他表面加工精度的要求，

其余回转面采用半精车加工；$\phi3$ 孔采用钻床加工。

各表面加工路线确定：

① $\phi22_{-0.013}^{0}$ 与 $\phi22_{+0.050}^{+0.065}$ 外圆柱表面为该件主要加工表面，加工工艺路线：粗车—半精车—热处理—磨削；

② 其余回转面，加工工艺路线：粗车—半精车，$\phi3$ 孔—钻削。

（3）零件加工路线设计

① 注意把握工艺设计总原则 加工阶段可划分粗、半精、精加工三个阶段。本零件属于单件小批量生产工序，宜采用工序集中原则进行加工。

② 以机加工工艺路线为主线 以主要加工表面（$\phi22_{+0.050}^{+0.065}$ 与 $\phi22_{-0.013}^{0}$ 外圆柱面）为主线，穿插次要加工表面（其余加工部位）。

③ 热处理工序安排 考虑轴的加工工序安排，将热处理工序渗碳处理（渗碳深度 0.8～1.2，增加 0.4～0.6 后序加工余量，60～64HRC）安排在精加工之前进行。

④ 安排辅助工序 热处理之前安排中间检验工序，检验前、车削后去毛刺。

⑤ 调整工艺路线 对照技术要求，在把握整体加工原则的基础上可做适当调整。

（4）选择设备、工装

① 选择设备 车削采用卧式车床，钻削采用立式钻床，磨削采用外圆磨床。

② 工装选择 零件粗加工采用一顶一夹安装，半精、精加工采用对顶安装，钻削采用 V 形架安装。夹具主要有三爪卡盘、顶尖、V 形架等。刀具有 45°、75°、90°偏刀、中心钻、麻花钻、硬质合金顶尖、砂轮等。量具选用有外径千分尺，游标卡尺等。

（5）工序尺寸确定 本零件加工中，工序尺寸的确定全部采用工艺基准与设计基准重合时工序尺寸及其公差的计算方法。求解原则为从后往前推，依次弥补（外表面加，内表面减）余量获得，并按经济精度查出相应公差，按入体原则标注工序尺寸偏差。

根据该零件的尺寸精度、几何精度及表面粗糙度等精度要求，确定加工工艺规程，如表 3-1 所示。

【实做练习】

参照 GB/T2861.1—90 中导柱 25×130，试做出其加工工艺方案。

任务二 导套的加工

【任务描述】

导套是冲压模具中应用最广泛的导向零件，导套的主要加工表面是内、外圆柱面，如图 3-6（a）和图 3-6（b）。在加工过程中，除了要保证内、外圆柱表面的尺寸精度、形状精度和粗糙度外，还必须要保证各内、外圆柱表面的同轴度要求。一般可采用车削进行粗加工，经过热处理后在内、外圆磨床上进行精加工，有时还要经过研磨才能达到设计要求。表 2-3 为外圆柱表面的加工方法及加工精度，表 2-4 为内孔的几何形状精度。根据零件具体尺寸精度、形位精度及表面粗糙度的要求并结合零件技术要求，综合选择零件的加工方法。

1. 导套的磨削加工

为确保导套内、外圆柱表面的质量要求，正确选择定位基准，保证磨削导套时内外圆柱

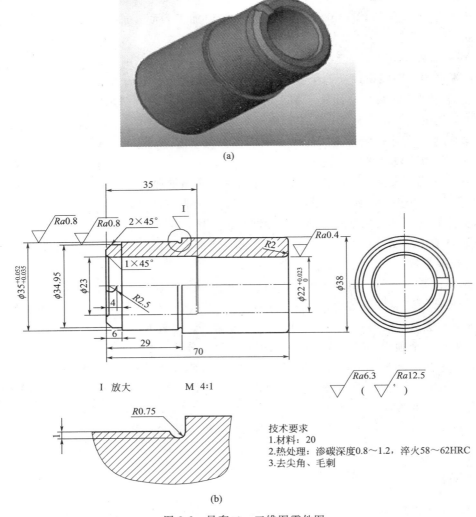

图 3-6 导套二、三维图零件图

面的同轴度要求尤为重要，根据生产批量不同采用如下方案加工。

单件生产：表 3-2 所列导套工艺方案是在万能外圆磨床上，利用三爪自定心卡盘夹持 $\phi38$mm 外圆柱面，一次装夹后磨出 $\phi22$H7 和 $\phi35$r6 的内外圆柱面，可以避免由于多次装夹所带来的误差。容易保证内外圆柱面的同轴度要求。但每磨一件都要重新调整机床。

表 3-2 导套加工工艺方案

工序号	工序名称	工序内容的要求	设备	工艺装备
1	备料	截取 $\phi42\times75$ 料一段，20 圆钢	锯床	
2	车削加工	车端面，外圆柱表面 $\phi35$ 留磨量 $0.4\sim0.6$mm，退刀槽至尺寸，外圆柱表面 $\phi34.95$，倒角 $2\times45°$ 至尺寸；内孔 $\phi22$ 留磨量 $0.4\sim0.6$mm，内孔 $\phi23$ 及倒角 $2\times45°$ 至尺寸 掉头车另一端面及外圆柱表面：70 加工至尺寸、$\phi38$ 外圆柱表面、内外圆角 $R2$ 至尺寸	车床	三爪卡盘，45°、75°偏刀、圆弧车刀、$\phi8$ 麻花钻、$\phi20$ 扩孔钻

续表

工序号	工序名称	工序内容的要求	设备	工艺装备
3	画线	划 $R2.5$ 开口位置线		
4	铣削加工	$R2.5$ 开口	铣床	$\phi5$ 立铣刀
5	检验	按图纸要求		卡尺
6	热处理	按热处理工艺要求渗碳处理:保证渗碳深度 0.8~1.2,增加 0.4~0.6 后序加工余量,硬度 60~64HRC		
7	检验	检验硬度及渗碳深度	洛氏硬度机	
8	磨削加工	万能磨床磨内孔 $\phi22H7$ 留研磨余量 0.01mm 万能磨床磨外圆 $\phi35r6$,保证尺寸公差及表面粗糙度达设计要求等	万能磨床	芯轴,砂轮
9	研磨	研磨 $\phi22H7$ 内圆柱表面及孔口圆弧达设计要求	车床	研磨套、芯轴或研磨棒、研磨膏
10	检验	按照图纸要求		内外径千分、卡尺

批量生产:可以先磨好内孔,再把导套装在专门设计的锥度心轴上,如图 3-7 所示。以心轴两端的中心孔定位(使定位基准和设计基准重合),借心轴和导套间的摩擦力带动工件旋转,磨削外圆柱面,也能获得较高的同轴度要求,并可使操作过程简化,生产率提高。这种心轴应具有高的制造精度,其锥度在 $\left(\dfrac{1}{5000}\sim\dfrac{1}{1000}\right)$ 的范围内选取,硬度在 60HRC 以上。

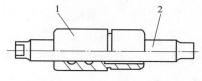

图 3-7　用小锥度心轴安装导套

1—导套；2—心轴

2. 导柱和导套的研磨加工

其目的在于进一步提高被加工表面的质量,以达到设计要求。

批量生产(如专门从事模架生产):在专用研磨机床上研磨。

单件小批生产:采用简单的研磨工具(图 3-8 和图 3-9),在普通车床上进行研磨。研磨时将导柱安装在车床上,由主轴带动旋转,在导轴表面均匀涂上一层研磨剂,然后套上研磨工具并用手将其握住,做轴线方向的往复运动。研磨导套与研磨导柱相类似,由主轴带动研磨工具旋转,手握套在研具上的导套,做轴线方向的往复直线运动。调节研具上的调整螺钉

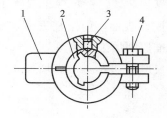

图 3-8　导柱研磨工具

1—研磨架；2—研磨套；3—限动螺钉；4—调整螺钉

和螺母，可以调整研磨套的直径，以控制研磨量的大小。

"喇叭口"（孔的尺寸两端大中间小）是磨削和研磨导套孔时嘴见的缺陷，造成这种缺陷的原因可能来自以下两方面。

磨削内孔时当砂轮完全处在孔内，如图3-10中实线所示。砂轮与孔壁的轴向接触长度最大，杆所受的径向推力也最大，由于刚度原因，它所产生的径向弯曲位移使磨削深度减小，孔径相应变小。当砂轮沿轴向往复运动到端孔口部位，砂轮必需超越两端面，如图3-10中虚线所示。

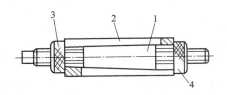

图 3-9　导套研磨工具

1—锥度芯轴；2—研磨套；3、4—调整螺母

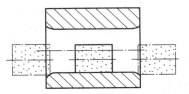

图 3-10　磨孔时"喇叭口"的产生

超越的长度越大，则砂轮与孔壁的轴向接触长度越小，磨杆所受的径向推力减小，磨杆产生回弹，使孔增大。要减小"喇叭口"，就要合理控制砂轮相对孔口端面的超越距离。以便使孔加工精度达到规定的技术要求。研磨导套时出现"喇叭口"的原因，是研磨时工件往复运动使磨料在孔口处堆积，在孔口处切削作用增强所致。所以在研磨过程中应及时清除堆积在孔口处的研磨剂，以防止和减轻这种缺陷的产生。

研磨导柱和导套用的研磨套和研磨棒，一般用优质铸铁制造。研磨剂用氧化铝或氧化铬（磨料）与机油或煤油（磨液）混合而成。磨料粒度一般在 220 号～W7 范围内选用。

按被研磨表面的尺寸大小和要求，一般导柱、导套的研磨余量为 0.01～0.02mm。

【任务实施】　导套加工工艺规程的制定

1. 零件工艺性分析

(1) 零件材料　20 钢，其切削加工性能良好，无特殊加工要求，加工中不需采取特殊的加工工艺措施。

(2) 零件组成表面　外圆柱表面 $\phi35$、$\phi38$，内圆柱表面 $\phi22$、$\phi23$、端面及倒角等。

(3) 零件主要表面　$\phi22$ 内圆表面与导柱间隙配合，为工作面其中心线又为基准面；$\phi35$ 外圆表面与上模座过盈配合。

(4) 主要技术条件分析　$\phi22^{+0.025}_{0}$ 内圆柱表面尺寸精度要求 IT7，粗糙度要求 $Ra0.4\mu m$。$\phi35^{+0.062}_{+0.035}$ 外圆尺寸精度要求 IT6，粗糙度要求 $Ra0.8\mu m$。以上是零件中加工精度要求最高的两个部位也是主要配合表面，内圆柱表面 $\phi22^{+0.025}_{0}$ 与外圆柱表面 $\phi35^{+0.062}_{+0.035}$ 保持同轴关系，加工时采用互为基准原则加工完成。

热处理为表面渗碳处理渗碳层厚度 0.8～1.2，增加 0.4～0.6 后序加工余量，硬度 60～64HRC。

2. 零件制造工艺设计

(1) 毛坯选择　按零件加工要求可选择棒料。根据市场材料的规格标准，比较接近并能满足加工余量要求的材料为 $\phi42$ 圆棒料。

（2）零件各表面终加工方法及加工路线

① 主要表面采用的终加工方法 $\phi22^{+0.025}_{0}$ 内圆柱表面尺寸精度要求 IT7，表面粗糙度要求 $Ra0.4\mu m$，应选择内圆磨床加工完成；$\phi35^{+0.062}_{+0.035}$ 外圆尺寸精度要求 IT6，表面粗糙度要求 $Ra0.8\mu m$，应选择外圆磨床加工完成。在加工时应保证内外圆柱表面的同轴度要求。可以采用芯轴来保证其同轴度。

② 其他表面终加工方法 结合主要表面的加工工序安排及其他表面加工精度的要求其余回转面采用半精车加工。

③ 各表面加工路线确定 $\phi22^{+0.025}_{0}$ 内圆柱表面和 $\phi35^{+0.062}_{+0.035}$ 外圆柱表面，粗车—半精车—热处理—磨削—研磨；其余各面：粗车—半精车。

（3）零件加工路线设计

① 注意把握工艺设计总原则 加工阶段可划分粗、半精、精加工三个阶段。本零件属于单件小批量生产工序，宜采用工序集中原则进行加工。

② 以机加工工艺路线为主体 以主要加工表面（$\phi22^{+0.025}_{0}$ 内圆柱表面和 $\phi35^{+0.062}_{+0.035}$ 外圆柱表面）为主线，穿插次要加工表面（其余加工部位）。

③ 热处理工序安排 考虑轴的加工工序安排，将热处理（渗碳处理：渗碳深度 0.8～1.2，增加 0.4～0.6 后序加工余量，60～64HRC）工序安排在精加工之前进行。

④ 安排辅助工序 热处理之前安排中间检验工序，检验前、车削后去毛刺。

⑤ 调整工艺路线 对照技术要求，在把握整体加工原则的基础上可做适当调整。

（4）选择设备、工装

① 选择设备 车削采用卧式车床，磨削采用内、外圆磨床。

② 工装选择 夹具主要有三爪卡盘、工艺芯轴。刀具有车刀：45°、90°偏刀、切槽刀、内圆车刀、砂轮、研磨头、研磨套等。量具选用有外径千分尺、内径千分尺，游标卡尺等。

（5）工序尺寸确定 本零件加工中，工序尺寸的确定全部采用工艺基准与设计基准重合时工序尺寸及其公差的计算方法。求解原则为从后往前推，依次弥补（外表面加，内表面减）余量获得，并按经济精度查出相应公差，按入体原则标注工序尺寸偏差。

根据该零件的尺寸精度、几何精度及表面粗糙度等精度要求确定加工工艺工艺方案，如表 3-2 所示。

【实做练习】

如图 3-6（a）所示导套三维图，试做出该件的加工工艺方案。具体尺寸见 GB/T2861.6—90 中导套 A25H6×90×38。

任务三 模柄的加工

【任务描述】 凸缘模柄零件图

见图 3-11。

【任务实施】 模柄加工工艺规程的制定

冲压模具常用模柄有压入式、旋入式模柄，凸缘模柄，槽型模柄，浮动模柄等，其主要

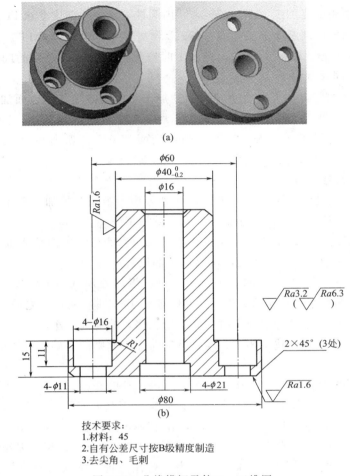

技术要求：
1.材料：45
2.自有公差尺寸按B级精度制造
3.去尖角、毛刺

图 3-11　凸缘模柄零件二、三维图

结构为台阶轴形状。模柄的设计已经标准化，其最高尺寸精度为 IT6，在形状精度方面，如端面跳动为 8 级，表面粗糙度为 $Ra0.8\mu m$。这类零件一般采用中心孔作为半精加工和精加工的定位基准，终加工采用精磨加工工艺，并靠端面保证端面跳动要求。图 3-11 凸缘模柄零件加工工艺规程（略）。

【实做练习】

如图 3-11(a) 所示模柄三维图，试做出该件的加工工艺方案。具体尺寸见 GB/T2862 中凸缘模柄 $d=50$，$D=100$。

任务四　上、下模座的加工

【任务描述】

1. 上、下模座加工的基本要求

冷冲模的上、下模座，用来安装导柱、导套和凸、凹模等零件。其结构、尺寸已标准化。上、下模座的材料可采用灰铸铁（HT200-400），也可采用45钢或Q235-A钢制造。分别称为铸铁模架和钢板模架。

图 3-12 是后侧导柱的标准铸铁模座。为保证模架的装配要求，使模架工作时上模座沿导柱上、下运动平稳，无阻滞现象。加工后模座的上、下平面应保持平行，对于不同尺寸的模座平行度公差见表 3-3；上、下模座上导柱、导套安装孔的孔间距离尺寸应保持一致；孔的中心线应与基准面垂直，对安装滑动导柱或导套的模座，其垂直度公差不超过 0.01/100。

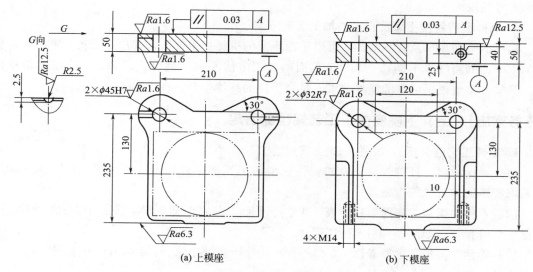

图 3-12 冷冲压模座

表 3-3 模座上、下平面的平行度公差

基本尺寸 /mm	公差等级		基本尺寸 /mm	公差等级	
	4	5		4	5
	公差值			公差值	
40～63	0.008	0.012	250～400	0.020	0.030
63～100	0.010	0.015	400～630	0.025	0.040
100～160	0.012	0.020	630～1000	0.030	0.050
160～250	0.015	0.025	1000～1600	0.040	0.060

注：① 基本尺寸是指被测表面的最大长度尺寸或最大宽度尺寸。

② 公差等级按 GB/T 1184—1996《形状和位置公差及未注公差值》。具体公差等级和公差数值应按冲模国家标准（GB/T2851～2875—1990）加以确定。

③ 表面粗糙度和精度等级。一般模座的加工质量要达到 IT8～IT7，$Ra0.8～1.6\mu m$。

④ 上下模座各孔的精度、垂直度和孔间距的要求。常用模座各孔的配合精度一般为 IT7～IT6，$Ra0.4～0.8\mu m$。对安装滑动导柱的模座，孔的轴线与上下模座平面的垂直度要求为 4 级精度。模座上各孔之间的孔间距应保持一致，一般误差要求在 ±0.02mm。

⑤ 公差等级 4 级，适用于 0Ⅰ、Ⅰ级模架；公差等级 5 级，适用于 0Ⅱ、Ⅱ级模架。

2. 上、下模座的加工原则

模座的加工主要是平面加工和孔系加工。为了使加工方便和易于保证加工技术要求，在各工艺阶段应先加工平面，再以平面定位加工孔系（"先面后孔"的原则）。模座的毛坯经过铣削（或刨削）加工后，再对平面进行磨削加工，可以提高模座平面的平面度和上下模座的平行度，同时也容易保证孔的垂直度要求。

上、下模座导柱、导套孔的加工应根据加工要求和工厂的实际生产条件，在铣床或摇臂钻等机床上采用坐标法或引导元件进行镗削加工。批量较大时可以在专用镗床上进行加工。此外，为保证导柱、导套的孔间距离一致，在镗孔时经常将上、下模座重叠在一起，一次装夹同时镗出导柱、导套的安装孔。用数控铣床或加工中心镗孔可以很方便地保证孔的位置精度和尺寸精度。

3. 获得不同精度平面及孔系的加工工艺方案

模座的平面加工及孔系的加工可以采用不同的机械加工方法，其加工工艺方案不同，获得加工平面的精度也不同，见表 2-7 平面的加工方法及加工精度，表 2-8 孔的相互位置精度。具体方案要根据模座的精度要求，结合工厂的具体生产条件进行选择。

【任务实施】 上、下模座加工工艺规程的制定

1. 零件工艺性分析 如图 3-13 上模座

（1）零件材料 HT200-400 灰口铸铁切削加工性能良好，无特殊加工要求，加工中不需采取特殊的加工工艺措施。

（2）零件中需加工表面结构组成 上、下平面；打料曲面；导套孔、销钉孔、螺纹孔、油槽、台阶孔等。如图 3-13 上模座图。

（3）零件中需加工主要表面 $2\text{-}\phi35^{+0.027}_{0}$ 孔与导套过盈配合；$2\text{-}\phi10H7$ 销钉孔；$\phi80^{+0.1}_{0}$ 孔与模柄间隙配合；上、下平面等。

（4）主要技术要求分析

$2\text{-}\phi35^{+0.027}_{0}$ 孔尺寸精度要求 IT7，表面粗糙度要求 $Ra0.8\mu m$；$2\text{-}\phi10H7$ 销钉孔尺寸精度 IT7，粗糙度要求 $Ra1.6\mu m$。它们是零件中加工要求精度较高的部位，也是配合要求最高的部位。本零件没有热处理要求，不需特种加工。

2. 零件加工工艺设计

（1）毛坯选择 按零件使用特点选择铸件作为毛坯料。

（2）零件各表面终加工方法及加工路线

① 主要表面采用的终加工方法 $2\text{-}\phi35^{+0.027}_{0}$ 外圆尺寸精度要求 IT7，粗糙度要求 $Ra0.8\mu m$，应选择坐标镗床来加工完成；$2\text{-}\phi10H7$ 销钉孔尺寸精度要求 IT7，粗糙度要求 $Ra1.6\mu m$，应选择用精铰孔方法加工完成。考虑到上、下平面平行度的要求，上、下平面与各孔垂直度的要求及平面粗糙度 $Ra1.6\mu m$ 的要求，选择磨削加工完成。

② 其他表面终加工方法 结合主要表面的加工工序安排及其他表面加工精度的要求，其余部位的加工选择铣削加工完成。

③ 各表面加工路线确定 $2\text{-}\phi35^{+0.027}_{0}$ 内孔，铣削—钻削—坐标镗削；$2\text{-}\phi10H7$ 销钉孔，钻削—精铰孔；上、下平面，铣削—磨削；其余部位的加工选择铣削加工完成。

（3）零件加工路线设计

① 注意把握工艺设计总原则 加工阶段可划分粗、半精、精加工三个阶段。本零件属于单件小批量生产工序，宜采用工序集中原则进行加工。

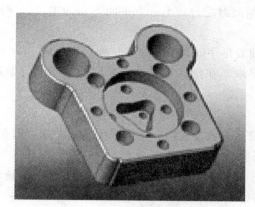

(a) 上模座三维图

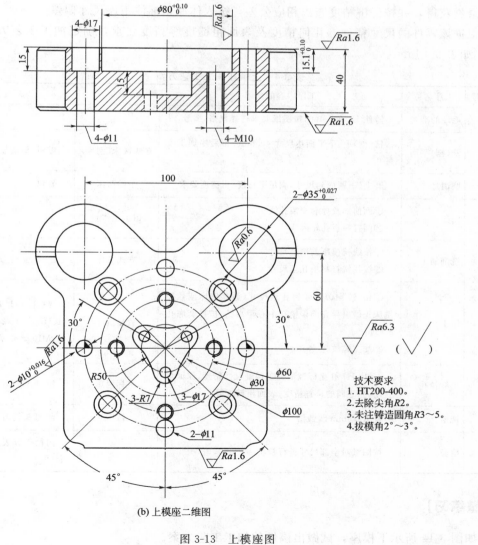

(b) 上模座二维图

图 3-13　上模座图

② 以机加工工艺路线为主体　以主要加工表面（2-$\phi 35^{+0.027}_{0}$ 内圆柱表面与导套过盈配合；2-$\phi 10$H7 销钉孔；$\phi 80$ 孔与模柄间隙配合；上、下平面等）为主线，穿插次要加工表面（其余加工部位）。

③ 安排辅助工序　各工序之间安排中间检验工序，铣削后去毛刺。

④ 调整工艺路线　对照技术要求，在把握整体加工原则的基础上可做适当调整，采用先面后孔的原则。

（4）选择设备、工艺装备

① 选择设备　铣削采用普通铣床、数显铣床，钻削采用立式钻床，磨削采用平面磨床，导柱孔的位置精度用坐标镗来保证等。

② 工装选择　压板、垫块、平口钳等。刀具有麻花钻、铰刀、平面铣刀、立铣刀、砂轮等。量具选用有内径千分尺，游标卡尺等。

（5）工序尺寸确定　本零件加工中，工序尺寸的确定全部采用工艺基准与设计基准重合时工序尺寸及其公差的计算方法。求解原则为从后往前推，依次弥补（外表面加，内表面减）余量获得，并按经济精度查出相应公差，按入体原则标注工序尺寸偏差。

根据该零件的尺寸精度、几何精度及表面粗糙度等精度要求，确定加工工艺方案（参考），如表 3-4 所示。

表 3-4　上模座加工工艺方案

工序号	工序名称	工序内容的要求	设备	工艺装备
1	毛坯的准备	铸件 HT200-400,按图纸要求选择规格、型号		
2	铣（刨）平面	铣（刨）上、下平面达尺寸 40.8mm 留后序加工余量 0.8	立式铣床（刨床）	虎钳、垫块盘铣刀等
3	磨削加工	磨上、下两面到尺寸,满足平行度、粗糙度要求	平面磨床	砂轮
4	画线	①画前部及导套安装孔线 ②画打料板孔轮廓线	钳工工作台	
5	铣削加工	①按线铣模座前部至尺寸 ②按线铣打料板孔至尺寸	立式铣床	压板、立铣刀
6	钳工	①钻、铰 $\phi 10$H7 销钉孔至尺寸（数显铣床或数控铣床先做引导孔确保销孔中心距）；钻、扩导套底孔 2-$\phi 34$ ②加工螺纹孔	数显铣床	$\phi 9.9$、$\phi 11$ 麻花钻、$\phi 10$H7 铰刀、$\phi 20,34$ 扩孔钻、M10 丝锥、$\phi 17$ 锪钻
7	坐标镗孔	2-$\phi 35$ H7 孔坐标镗削加工保证尺寸精度,保证垂直度、孔之间的位置精度、表面粗糙度等	坐标镗床	镗刀、$\phi 35$H7 铰刀
8	铣槽	铣 $R2.5$mm 圆弧槽	铣床	$\phi 5$ 球头铣刀
9	检验	按图纸对全部尺寸进行检验		内径千分表、千分尺、卡尺

【实做练习】

如图 3-14 所示下模座，试做出该件的加工工艺方案。

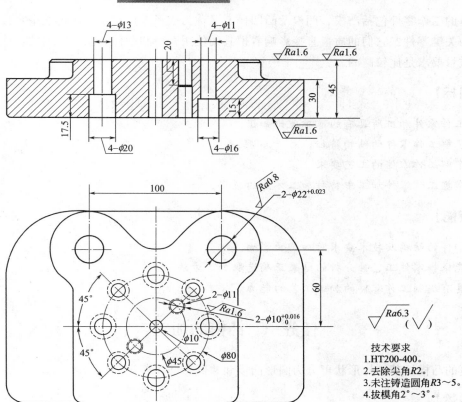

$\sqrt{Ra6.3}$　$\sqrt{}$
$\overline{(\quad\sqrt{}\quad)}$

技术要求
1.HT200-400。
2.去除尖角R2。
3.未注铸造圆角R3～5。
4.拔模角2°～3°。

图 3-14　下模座图

项目四　工作零件的加工

冲模的工作零件包括凸模、凹模及凸凹模，又称为成形零件，是冲压过程中直接完成冲压工序的关键零件。它们的质量直接影响着模具的使用寿命和制件的质量。因此，该类模具零件的质量要求是比较高的。

【学习目标】

① 工作零件加工所具有的基础理论知识。
② 了解工作零件的结构特征。
③ 了解工作零件的工艺要求。
④ 掌握工作零件加工中特种加工方法的应用。

【职业技能】

① 零件的结构及技术要求对加工的影响。
② 能根据零件工艺性分析的结果正确选取加工方法。
③ 具有编制工作零件的加工工艺的能力。

任务一　凸模的加工

冲模的凸模按其结构形状可分为圆形凸模和非圆形凸模两类。

【任务描述】

1. 圆形凸模的加工

图 4-1 所示为典型结构的圆形凸模，其加工比较简单，一般可在车床上按图样加工毛

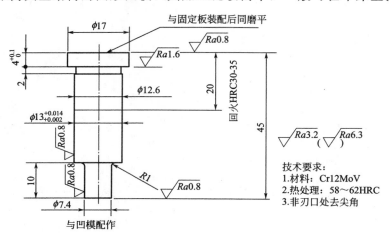

图 4-1　圆形凸模

坯，经热处理淬硬，然后在外圆磨床上精磨，最后由钳工将其抛光及刃磨修整成形，获得较理想的配合表面。

2. 非圆形凸模的加工

非圆形凸模（图4-2）的制造比较麻烦，其加工方法主要采用立铣、压印锉修、成形磨削三种加工方法。

图4-2　非圆形凸模

（1）**立铣加工**　非圆凸模可在立式铣床上按照画线加工。将凸模毛坯安装在铣床的工作台上，用手操纵工作台的纵、横向移动手柄，使铣刀沿毛坯上的画线轮廓加工，从而铣削出凸模的工作型面。铣削后留有0.15～0.3mm的余量，以备钳工修整。如图4-3所示的凸模，可先将毛坯车削成阶梯形，再根据图样要求画线，然后将毛坯安装在立式铣床的回转工作台上，用圆柱立铣刀沿画线轨迹铣削（图4-4）。最后由钳工打磨修整成形。

（2）**压印锉修加工**（现在极少用）　在缺少专用制模设备的情况下，采用压印锉修制造凸模的加工方法。如图4-5所示的凸模，在压印锉修之前，首先车削外圆，然后在立式铣床上按画线粗铣其工作型面，每边留0.5mm以上的压印余量，再压印锉修成形。

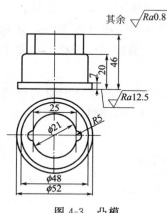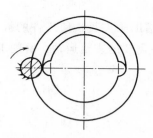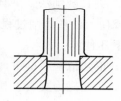

图4-3　凸模　　　　　图4-4　凸模立铣加工　　　　图4-5　用凹模压印

压印锉修是在压力机上将未经淬火的凸模垂直压入已淬火的成品凹模内（基准凹模），由于凹模的切削与挤压作用，凸模上多余金属被挤出，出现凹模的印痕，钳工按此印痕将周围多余金属锉掉。然后再压印，再锉削反复进行，直到凸模刃口的尺寸达到要求为止（图4-5）。

压印深度的要求：首次控制在0.2mm左右，以后可逐渐增加到0.5～1.5mm。锉削后留下的余量要求：0.1mm左右（单边），以免下次压印时发生歪斜。

粗糙度要求：可用油石将锋利的凹模刃口磨出 0.1mm 左右的圆角，以增加其挤压作用，并在凸模表面涂一层硫酸铜溶液，以减少摩擦。压印完毕，按图样要求锉修凸模（双面）研磨余量。

热处理淬硬后研磨修整，经检验合格后即可使用。

（3）成形磨削 成形磨削是在成形磨床或普通平面磨床上，用成形砂轮或其他方法对模具成形表面进行磨削加工的方法。

它具有精度高、效率高等优点，不仅适用于加工凸模，也可加工镶拼式凹模及电加工用成形电极的工作型面。

许多形状复杂的凸模工作型面，一般都由一些圆弧和直线组成，如图 4-6 所示，应用成形磨削加工，就是将被磨削的凸模轮廓划分为单一的直线段和圆弧段，然后按照一定的顺序逐段磨，并使它们在衔接处平整光滑，符合设计要求。成形磨削的方法有以下四种。

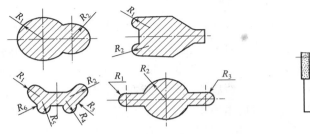

图 4-6 凸模刃口形状

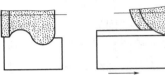

图 4-7 成形砂轮磨削法

① 成形砂轮磨削法 成形砂轮磨削法是将砂轮修整成与工件被磨削表面完全吻合的形状，进行磨削加工，以获得所需要的成形表面的加工方法，如图 4-7 所示。修整成形砂轮的方法有：a. 用金刚石修整成形砂轮；b. 用挤压轮修整成形砂轮两种。采用这种方法，首先要用砂轮修整工具将砂轮修整成所需要的形状和精度。成形砂轮角度或圆弧的修整，主要是用修整砂轮角度或圆弧的夹具进行的。

② 夹具磨削法 夹具磨削是借助于夹具，使工件的被加工表面处在所要求的空间位置上，或使工件在磨削过程中获得所需要的进给运动，磨削出成形表面。常见的成形磨削夹具有以下几种：

a. 正弦精密平口钳，如图 4-8；

b. 正弦磁力夹具，如图 4-9；

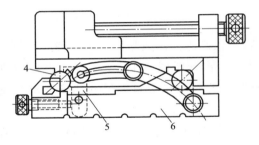

图 4-8 正弦精密平口钳

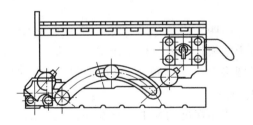

图 4-9 正弦磁力夹具

c. 正弦分中夹具，如图 4-10；

d. 万能夹具，如图 4-11。

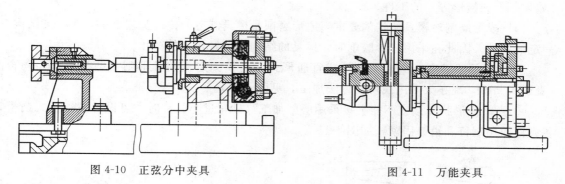

图 4-10　正弦分中夹具　　　　　　　图 4-11　万能夹具

③ 在光学曲线磨床上进行成形磨削　在这种机床上可以磨削平面、圆弧面和非圆弧形的复杂曲面，特别适合于单件或小批生产中各种复杂曲面的磨削工作。如图 4-12 所示。

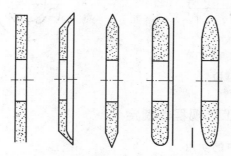

图 4-12　光学曲线磨床所用的砂轮

④ 在数控磨床上进行成形磨削　为了提高加工精度和便于采用电子计算机辅助设计与制造模具，使模具制造朝着高质量、高效率、低成本和自动化的方向发展，目前国外已研制出数控成形磨床，而且在实际应用中收到了良好的效果。图 4-13 为数控磨床示意图。

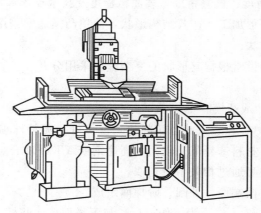

图 4-13　数控磨床

在数控成形磨床上进行成形磨削的方法主要有如下三种：

① 用成形砂轮磨削　这种方法适用于加工面窄且批量大的工件；

② 仿形磨削 这种方法适用于加工面宽的工件；

③ 复合磨削 这种方法是把上述两种方法结合在一起，用来磨削具有多个相同型面（如齿条形和梳形等）的工件。

(4) 成形磨削对模具结构的要求 成形磨削是模具制造的传统工艺之一，对模具结构有一定的要求。因此在采用成形磨削时，模具的结构必须做相应的变化。

① 为了便于磨削，凸模应设计成直通形式，凸模固定板的孔形则与凸模形状相吻合。（直通式凸模，现在大多用线切割方法加工，见图 4-14）。

② 当凸模形状复杂或不能直接采用磨削加工（砂轮进不去）时，可设计成镶拼式凸模，各镶件间用螺钉和销钉固紧，如图 4-15 。

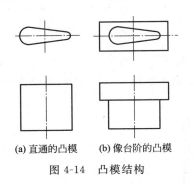

(a) 直通的凸模　(b) 像台阶的凸模

图 4-14　凸模结构

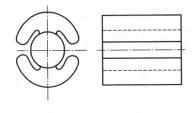

图 4-15　镶拼式凸模

【任务实施】 凸模加工工艺规程的制定

1. 冲裁凸模在冲裁模中的功用

凸模作为工作零件之一，在冲裁模中主要与凹模配合起到能使板料分离的作用，要求落料凹模或冲孔凸模按名义尺寸制造，落料凸模或冲孔凹模与其间隙配合，其间隙值根据冲裁件材料厚度、材质及冲压制件形状来确定，本件冲裁双面间隙值为 0.08～0.12mm，本例凸模为冲孔凸模，应按基本尺寸制造。

2. 结构特点、尺寸精度、位置精度、表面粗糙度及技术要求

凸模的加工主要是外形加工。按其结构形状，简单凸模通常采用普通机加工方法，直通式凸模加工常用线切割方法。

在加工中对凸模、凹模常根据其形状的复杂程度采用分开加工、配合加工。

3. 零件工艺性分析

如图 4-16 所示圆形冲裁凸模。

(1) 零件材料 T10A，在退火状态切削加工性良好，无特殊加工问题，故加工中不需采取特殊工艺措施。刀具材料选择范围较大，高速钢或 YT 硬质合金均可达到要求。刀具几何参数可根据不同刀具类型通过相关手册查取。

(2) 零件组成表面 两端面，外圆、阶梯面组成。

(3) 零件结构分析 $\phi7.4$ 外圆为工作刃口，与下平面形成凸模刃口，上平面、$\phi13$ 外圆柱面为重要连接面与凸模固定板过渡配合。

刃口 $\phi7.4$，精度等级：IT7，粗糙度：$Ra0.4\mu m$，与两平面保持垂直关系；$\phi13$ 外圆柱面，精度等级：IT7，与凸模固定板采用过渡配合，粗糙度：$Ra0.8\mu m$，与两平面保持垂

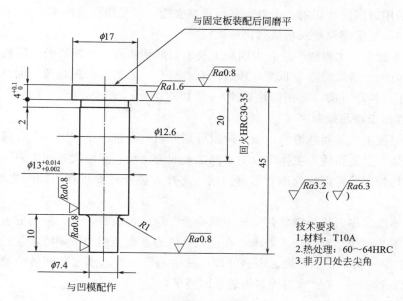

图 4-16　圆形凸模

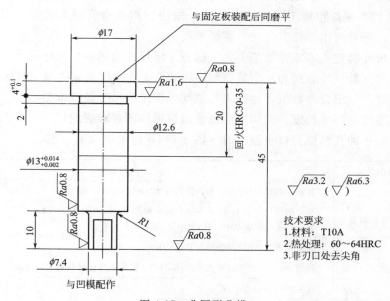

图 4-17　非圆形凸模

直，与 ϕ7.4 圆柱面保持同轴关系。此件要求刃口硬度 60～64HRC，上半部分回火至 30～35HRC。

4. 零件制造工艺编制

（1）毛坯选择　按零件特点，可选锻件或棒料（退火状态），尺寸 ϕ22mm×60mm。

（2）零件各表面终加工方法及加工路线

①　主要表面可能采用的加工方法　按 IT7 粗糙度 $Ra1.6\mu m$、$Ra0.8\mu m$，应采用精车、磨削加工或线切割，见表 2-3 外圆柱表面的加工方法及加工精度。

②　选择确定　按零件材料、批量大小、现场条件等因素，并对照各加工方法特点及适

用范围确定采用磨削或线切割（大型、非回转型表面，可采用直接固定方式，小型镶件可采用直通式与固定板采用焊接或粘结固化形式）。

③ 其他表面终加工方法　结合表面加工及表面形状特点，各回转面采用精车加工。

④ 各表面加工路线确定　非配合外圆柱面：粗车—半精车；配合圆柱面及上、下两面：粗车—半精车—精车—磨（磨削前热处理）—线切割。

（3）零件加工路线编制

① 注意把握工艺编制总原则，加工阶段可划分粗、半精、精加工三个阶段。

② 以机加工工艺路线为主体　以主要加工表面为主线，穿插次要加工表面。

③ 穿插热处理　考虑热处理变形等因素，将淬火热处理安排在粗加工之后精加工之前进行。

④ 安排辅助工序　热处理之前安排中间检验工序，检验前，车、钻削后去毛刺。

⑤ 调整工艺路线　对照技术要求，在把握整体的基础上作相应调整。

下料—粗车—精车—热处理、表面处理—研中心孔—外圆磨（非回转凸模：成型磨）—线切割—研磨或抛光—平磨（与固定板装后同磨平）。

（4）选择设备、工装

① 选择设备　车削采用卧式车床，磨削采用外园、平面磨床、线切割设备。

② 工装选择　零件粗加工、半精、精加工采用三爪夹盘、顶尖安装。刀具有 90°、75° 偏刀，砂轮等。量具选用外径千分尺、游标卡尺等。

（5）工序尺寸确定　本零件加工中，大部分工序尺寸为第一类工序尺寸，求解原则为从后往前推，依次弥补（外表面加）余量获得，由表 2-3 外圆柱表面的加工方法及加工精度查出相应经济精度，给出公差数值，并按入体原则标注工序尺寸及其偏差。

据该工作零件的尺寸精度、几何精度及表面粗糙度的要求确定以下三个工艺方案。

方案一：对于冲孔凸模刃口是圆形时（图 4-16），应采用以下方案：

工序号	工序名称	工序内容的要求
1	备料	备锻件或棒料（退火状态）：按尺寸 $\phi22\text{mm}\times60\text{mm}$ 备料
2	车外圆及端面	车外圆到尺寸 $\phi17\text{mm}$，外圆 $\phi13\text{mm}$、$\phi7.4\text{mm}$ 留磨削余量 0.4mm，两平面 55mm，留磨削余量 0.6mm，两端车中心孔，其余达设计尺寸
3	检验	用游标卡尺、千分尺按图纸要求检验
4	热处理	热处理：淬火＋低温回火，60～64HRC，按图示位置局部回火硬度 30～35HRC
5	检验	检验硬度及表面处理
6	研修	研两端中心孔
7	平磨	磨上、下两平面保尺寸 55，粗糙度 $Ra0.8\mu\text{m}$
8	外圆磨	以中心孔为定位精基准磨外圆 $\phi13^{+0.014}_{-0.002}\text{mm}$，外圆 $\phi7.4\text{mm}$ 到尺寸；粗糙度 $Ra0.8\mu\text{m}$，保证几何精度
9	线切割	切除工作面中心孔，长度到 $45^{+0.1}\text{mm}$（落料模必切；冲孔模视尺寸情况而定）
10	平磨	与固定板装后同磨平，保证长度尺寸 45mm，粗糙度 $Ra0.8\mu\text{m}$
11	研磨或抛光	冲孔凸模刃口研磨到基本尺寸，与冲孔凹模确保双面间隙值为 0.08～0.12mm
12	检验	用外径千分尺按图纸要求检验
13	钳工	总装配

方案二　对于冲孔凸模刃口是非圆形时（图 4-17），应采用以下方案：

工序号	工序名称	工序内容的要求
1	备料	备锻件或棒料（退火状态）：按尺寸 $\phi22\text{mm}\times60\text{mm}$ 备料
2	车外圆及端面	车外圆到尺寸 $\phi17\text{mm}$，外圆 $\phi13\text{mm}$，外圆 $\phi10\text{mm}$，两平面 55mm，留磨削余量 0.6mm，两端车中心孔，其余达设计尺寸
3	粗、精铣	按图粗、精铣凸模外形挂台对平，留磨削余量 0.4mm
4	检验	用游标卡尺、千分尺按图纸要求检验
5	热处理	热处理：淬火＋低温回火 60～64HRC，按图示位置局部回火硬度 30～35HRC
6	检验	检验硬度及表面处理
7	研修	研两端中心孔
8	平磨	磨上下两平面保尺寸 55，挂台对平、凸模对平到尺寸留 0.01 研磨余量，粗糙度 $Ra0.8\mu\text{m}$
9	外圆磨	磨外圆 $\phi13^{+0.014}_{-0.002}\text{mm}$，靠 $\phi17$ 端面尺寸
10	线切割	切除工作面中心孔，长度至 $45^{+0.1}\text{mm}$（落料模必切；冲孔模视尺寸情况而定）
11	平磨	与固定板装后同磨平，保证长度尺寸 45mm
12	研磨或抛光	与冲孔凹模配间隙，确保双面间隙值为 0.08～0.12mm。
13	检验	用外径千分尺检验
14	钳工	总装配

方案三：对于冲孔凸模是直通式非圆形刃口时（图略），参考以下方案：

工序号	工序名称	工序内容的要求
1	备料	备锻件：按尺寸 $H+5\text{mm}$ 备料
2	粗、精铣	铣六面见光，其余达设计尺寸
3	平磨	磨两面至高度尺寸 $H+0.1\text{mm}$
4	钳工	做连接螺孔及销孔
5	检验	用游标卡尺、千分尺按图纸要求检验
6	热处理	按热处理工艺进行，保证硬度 60～64HRC，连接部分回火至 30～35HRC
7	检验	检验硬度及表面处理
8	平磨	磨上、下两平面保尺寸 H，粗糙度 $Ra0.8\mu\text{m}$
9	线切割	按凸模外形尺寸线切割，留单面研磨余量 0.01～0.02mm
10	钳工	①研磨刃口 ②研配，研凸模与凸模固定板配合部分尺寸
11	平面磨	磨两平面尺寸至 H
12	检验	用外径千分尺按图纸要求检验
13	钳工	总装配

【实做练习】

　　如图 4-18 所示非回转型凸模，试做出该件的加工工艺方案。具体尺寸及要求见 GB2963.2 中 $d=15.2$，$D=18$

图 4-18　非圆形凸模

任务二　凹模的加工

冲模凹模的加工重点是型孔的加工，型孔按其形状特点可分为圆形型孔和非圆形型孔两种，其加工方法随形状而定。

【任务描述】

1. 圆形型孔的加工

(1) 单型孔凹模　这类凹模制造工艺比较简单，毛坯经锻造、退火后，进行车削（或铣削）及钻、镗型孔，并在上、下平面和型孔处留适当磨削余量。再由钳工画线、钻所有固定用孔，攻丝、铰销孔，然后进行淬火、回火。热处理后磨削上、下平面及型孔即成。

(2) 多型孔凹模　冲裁模中的凹模有时会出现一系列圆孔，各孔尺寸及相互位置有较高的精度要求，这些孔称为孔系。为保持各孔的相互位置精度要求，常采用坐标法进行加工。

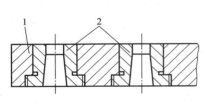

图 4-19　多型孔加工

1—凹模本体；2—凹模镶块

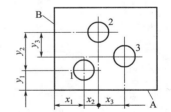

图 4-20　孔系的直角坐标尺寸

在坐标镗床上按坐标法镗孔，是将各孔间的尺寸转化为直角坐标尺寸。如图 4-20 所示，加工时将工件置于机床的工作台上，用百分表找正相互垂直的基准面 A、B，使其分别和工作台的纵、横运动方向平行后夹紧。然后使基准 A 与机床主轴的轴线对准，将工作台纵向移动 y_1。再使基准 B 与机床主轴的轴线对准，将工作台横向移动 x_1。此时，主轴轴线与孔1 的轴线重合，可将孔加工到所要求的尺寸。加工完孔 1 后，按坐标尺寸 x_2、y_2 及 x_3、y_3调整工作台，使孔 2 及孔 3 的轴线依次和机床主轴的轴线重合，镗出孔 2 及孔 3。

在工件的调整过程中，为了使工件上基准 A 或 B 对准主轴的轴线，可以采用多种方法。对具有镶块结构的多型孔凹模加工，在缺少坐标镗床的情况下，也可在数控铣床上点窝用普通立钻或普通立铣加工孔系。

整体结构的多型孔凹模，一般以碳素工具钢或合金工具钢为原材料，热处理后其硬度常在 60HRC 以上。制造时，毛坯经锻造退火后，对各平面进行粗加工和半精加工，钻、镗型孔，在上、下平面及型孔处留适当磨削余量，然后进行淬火、回火。热处理后，磨削上、下面，以平面定位在坐标磨床上对型孔进行精加工。

2. 非圆形型孔的加工

非圆形型孔的凹模（图 4-21），机械加工比较困难。由于数控线切割加工技术的发展在模具制造中的广泛应用，许多传统的型孔加工方法都为其所取代。机械加工主要用于线割加工受到尺寸大小限制或缺少线切割设备的情况下。

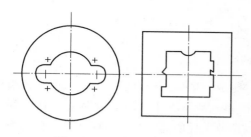

图 4-21　非圆形型孔的凹模

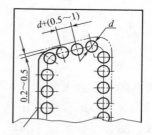

图 4-22　沿型孔轮廓线内侧钻孔

非圆形型孔的凹模，通常将毛坯锻造成矩形，加工各平面后进行画线，再将型孔中心的料去除。图 4-22 所示是沿型孔轮廓线内侧顺次钻孔后，用带锯机沿型孔轮廓线将余料切除，并按后续工序要求沿型孔轮廓线留适当加工余量。用带锯机去除余料生产效率高，劳动强度低。

（1）数控加工　用数控铣床加工型孔，容易获得比仿形铣削更高的加工精度。不需要制造靠模，通过数控指令使加工过程实现自动化，可降低对操作工人的技能要求，而且使生产效率提高。此外，还可采用加工中心对凹模进行加工。在加工中心上经一次装夹不仅能加工非圆形型孔，还能同时加工固定螺孔和销孔。

（2）立铣或万能工具铣加工　在无仿形铣床和数控铣床时，也可在立铣或万能工具铣床上加工型孔。铣削时按型孔轮廓线，手动操作铣床工作台纵、横运动进行加工。对操作者的技术水平要求高、劳动强度大、加工精度低、生产率低、加工后钳工修正的工作量大。

用铣削方法加工型孔时，铣刀半径应小于型孔转角处的圆弧半径，才能将型孔加工出来，对于转角半径特别小的部分或尖角部位，只能用其他加工方法或钳工进行修整来获得。型孔加工完毕后再加工落料斜度。

3. 坐标磨床精加工型孔

坐标磨床是近代在坐标镗床的加工原理和结构的基础上发展起来的一种精密机床。它按准确的坐标位置对工件进行加工，是精密模具加工的关键设备，广泛用于加工精密级进模、精密塑料模以及镶拼结构模。坐标磨床特别适于加工尺寸较大、形状复杂的多型腔整体模具；间隙要求很小的凸、凹模；带有一定斜度要求的冲模、高硬度材料的模具、镶块互换性好的镶拼模具，以及模具中的各类坐标孔。加工精度可高达 $5\mu m$，表面粗糙度 Ra 不超过 $0.4\mu m$。

磨削时，工件固定不动，磨削机构能使磨头部分完成磨削过程的 4 个运动：砂轮高速旋转运动（切削运动）、行星运动（圆周进给运动）、轴向往复直线运动和径向进给运动（图4-23）。

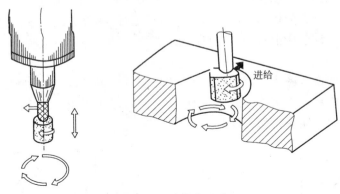

图 4-23 砂轮的运动

坐标磨床的工作台由坐标工作台和回转工作台组成。坐标工作台是一组高精度直角坐标系的导轨系统，导轨的直线性很高，相互垂直度误差一般不大于 $4\mu m$，并具有高精度的坐标测量系统。坐标工作台位于回转工作台之上，以调节工件的圆弧中心与回转工作台的中心重合。磨削时，工件放在工作台上，可做 x，y 坐标移动和回转运动，以便进行成形轮廓和型孔的加工。

利用坐标磨床可磨削内孔、外圆、锥孔、坐标孔、阶梯孔、台阶面、键槽、方孔以及直线与圆弧组成的曲线等。

（1）内孔磨削 磨内孔是坐标磨床最基本的用途。孔径范围为 $\phi 3 \sim 200mm$，表面粗糙度 $Ra \leqslant 0.4\mu m$，圆度误差不超过 $2\mu m$，直线度误差不超过 $2\mu m$。磨削时，工件不动，砂轮作高速旋转运动和行星运动，孔径的调整通过增大行星运动的半径即径向进给运动来实现。

（2）外圆磨削 磨削外圆时，砂轮的运动与内孔磨削基本相同，但外圆直径的调整通过缩小行星运动的半径来实现（图 4-24）。表面粗糙度 $Ra \leqslant 0.4\mu m$，圆度误差不超过 $0.4\mu m$。

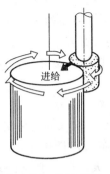

图 4-24 外圆磨削

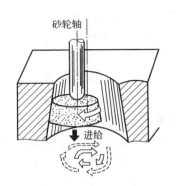

图 4-25 锥孔磨削

（3）锥孔磨削 坐标磨床的功能之一是加工锥孔，这是其他机床所不及的。磨削时，先将砂轮修整成所需的角度，利用磨锥孔的专门机构，使砂轮在轴向进给的同时，连续改变行星运动的半径进行磨削（图 4-25）。锥孔的锥角大小取决于两者变化的比值，一般锥角为

$0°\sim16°$。

（4）坐标孔磨削 利用坐标磨床磨削坐标孔是最常用的一种加工方法，坐标磨床也由此而得名。此外，还可磨削极坐标孔。磨削坐标孔时，利用坐标工作台的移动，便可加工出各种尺寸大小的坐标孔，其位置精度达 $2\sim5\mu m$。因此，坐标磨床特别适于用坐标镗床加工后因淬火而变形的坐标孔的修整加工。磨削极坐标孔时，有两种方法：一是分度法，利用回转工作台进行分度；二是坐标法，利用直角坐标进行计算。当零件的极坐标半径小、分度孔较多时，采用分度法加工精度高、经济、方便；而极坐标半径较大时，由于受旋转精度的影响，采用坐标法可获得较高的加工精度。此外，在坐标磨床上，利用万能转台并通过坐标计算还可对零件上的空间平面、空间极坐标孔和各种斜孔进行磨削加工。

（5）阶梯孔磨削 磨削阶梯孔时，应根据磨孔直径确定行星运动的半径，并使砂轮向下进给，用其底部的棱边进行磨削加工（图 4-26）。

（6）台阶磨削 砂轮仅做旋转运动不做行星运动，工件做直线移动（图 4-27），适于平面轮廓的精密磨削加工。

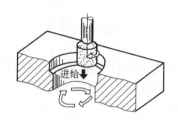

图 4-26 阶梯孔磨削

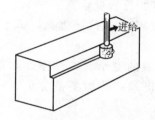

图 4-27 台阶磨削

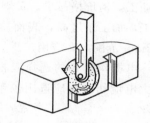

图 4-28 键槽与方孔磨削

（7）键槽与方孔磨削 使用专门的磨槽机构和砂轮，可磨削键槽、带直角的型腔及方孔等。该磨槽机构由砂轮轴驱动，其原理类似刨削时主运动的产生原理。磨削时，砂轮除做旋转运动外，还做上、下往复直线运动，工件做直线移动（图 4-28）。

（8）曲线磨削 磨削直线与圆弧组成曲线时，直线与圆弧间的正确位置尺寸，由坐标工作台移动的定位精度来保证。定位后，采用定点加工法磨削圆弧。所谓定点加工法，就是利用 x、y 坐标的移动使回转工作中心与工件上的圆弧中心重合，通过改变行星运动的半径控制圆弧半径的尺寸。

4. 线切割加工方法

电火花线切割加工，一般作为零件加工的最后工序。要达到加工零件的精度和表面粗糙度要求，应合理控制线切割加工时的各种因素（电参数、切割速度、工件装夹等），同时应安排好零件的工艺路线及线切割加工前的准备，是目前加工凹模型孔的常用方法。

（1）毛坯的准备 毛坯在电火花线切割加工前，应该合理安排工序，从而达到零件精度要求。毛坯的准备工序如下：

下料—锻造—退火—铣削平面—磨削平面—画线—铣漏料孔—孔加工—淬火—低温回火—磨削平面。

模具工作零件一般采用锻造毛坯，其线切割加工常在淬火＋回火后进行。除选用锻造性能好、淬透性好、热处理变形小的合金工具钢（如 Cr12，Cr12MoV，CrWMn）作模具材料外，对模具毛坯锻造及热处理工艺也应正确进行。

当凹模型孔较大时，为减少线切割加工量，需将型孔下部漏料部分铣出（并在型孔部位钻穿丝孔），只切割刃口高度；对淬透性差的材料，还应将型孔的部分材料去除，单边留3～5mm切割余量。

凸模的准备可参照凹模的准备工序，将毛坯锻造成六面体，并将其中多余的余量去除，保留切割轮廓线与毛坯之间的余量（一般不小于5mm），并注意留出装夹部位。

（2）工艺参数的选择

① 脉冲参数的选择 脉冲参数主要有加工电流、脉宽、脉冲间隔比等，这些参数对电火花线切割加工效率和工件表面质量都会产生一定影响。

要求获得较小的表面粗糙度值时，选用的电参数要小；若要求获得较高的切割速度，脉冲参数要选大一些，但加工电流的增大受排屑条件及电极丝截面积的限制，过大的电流易引起断丝。

② 电极丝的选择 电极丝应具有良好的抗电蚀性以及较高的抗拉强度。常用电极丝有钼丝、钨丝、黄铜丝等。钨丝抗拉强度高，直径在$\phi0.03～0.1$mm范围内，用于各种窄缝的精加工，但价格昂贵。黄铜丝抗拉强度较低，直径在$\phi0.1～0.3$mm范围内，适于慢速走丝加工，加工精度高，表面质量好；钼丝抗拉强度高，适于快速走丝加工，直径在$\phi0.08～0.2$mm范围内，应用广泛。

电极丝直径的选择应根据切缝的宽窄、工件厚度和拐角尺寸来选择。若加工大厚度或大电流切割时应选用较粗的电极丝；若加工带尖角、窄缝的小型模具宜选用较细的电极丝。

③ 工作液的选配 工作液对切割速度、表面质量和加工精度影响很大。慢速走丝切割加工，普遍使用去离子水；对于快速走丝切割加工，最常用的是乳化液。乳化液是由乳化油和工作介质配制而成的（浓度为5%～10%），常用的乳化油为DX-1、TM-1、502型等。工作介质可以用去离子水、蒸馏水、高纯水等。

（3）工件的装夹与调整

① 工件装夹 装夹工件时应保证工件图形在坯料上有合适的位置，避免工件的切割部切出机床工作台纵、横进给的允许范围之外，同时应考虑切割时电极丝的运动空间。常见的工件装夹方法如图4-29～图4-31所示。图4-29所示为悬臂式支撑，图4-30所示为桥式支撑，图4-31所示为板式支撑。

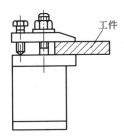

图 4-29 悬臂式支撑

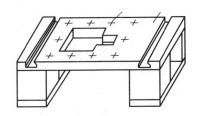

图 4-30 桥式支撑

② 工件的调整 经过上述方法装夹工件，还必须经过适当的调整，使工件的定位基准面分别与机床的工作台面和工作台的进给方向保持平行，以保证所切割的表面与基准面之间的相对位置精度。常用的方法如下。

a. 百分表找正　用百分表找正往复移动工作台，按百分表的指示值调整工件位置，直至百分表指针的偏摆范围达到所要求的数值。

b. 画线找正法　工件的切割图形与定位基准间的相互位置精度要求不高时，可采用画线法找正往复移动工作台，目测划针与基准间的偏离情况，将工件调整到正确位置。

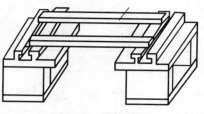

图 4-31　板式支撑

（4）电极丝位置的调整　线切割加工之前，应将电极丝调整到切割的起点位置上，常用的调整方法有以下几种。

① 目测法　通过目测或借助放大镜来观察电极丝与基准之间的位置进行调整。利用穿丝孔处划出的十字基准线，分别从不同方向观察电极丝与基准线的相对位置，根据偏离情况移动工作台，电极丝与基准线中心重合时，工作台纵、横方向上的读数就是电极丝中心的坐标位置。目测法适用于加工精度要求较低的工件。

② 碰火花法　移动工作台使工件基准面逐渐靠近电极丝，在出现火花的瞬时，记下工作台的相应坐标值，再根据放电间隙推算电极丝中心的坐标。

③ 自动找中心法　这种方法适用于数控功能较强的线切割机床。所谓自动找中心就是让电极丝在工件孔的中心自动定位，让电极丝在 X 轴或 Y 轴方向与孔壁接触，接着在另一轴的方向进行上述过程，经过几次重复，数控线切割机床的数控装置自动计算后，就可找到孔的中心位置。

（5）凸模、凹模线切割加工编程

编程步骤：

① 建立工件坐标系；

② 计算各节点坐标；

③ 计算偏移量；

④ 写走丝路线画进刀线；

⑤ 编程（写程序名）。

【例题】　试加工一如图所示的凹模型孔，采用直径为 0.18mm 的钼丝作为电极丝，单边放电间隙为 0.01mm。

① 建立工件坐标系：

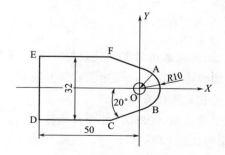

② 计算各节点坐标：

③ 写出走丝路线：穿丝孔取 O 点，按 O－A－B－C－D－E－F－A－O 的顺序。

④ 计算偏移量

$$D=r+\delta=0.18/2+0.01=0.1\text{mm}$$

⑤ 编写程序

交点及圆心	X/mm	Y/mm	交点及圆心	X/mm	Y/mm
A	3.4270	9.4157	D	−50	−16
B	3.4270	−9.4157	E	−50	16
C	−14.6976	16.0125	F	−14.6976	16.0125

注意：程序中所有的数字单位均采用 μm。

P1234（程序名）

N10　G92 X0Y0 ；（建立坐标系）

N20　G42d100 ；

N30　G01 X3427Y9416 ；

N40　G02 X3427Y-9416I3427J9416 ；

N50　G01 X-14698 Y-16013 ；

N60　　　X-50000 Y-16000 ；

N70　　　　　　Y16000 ；

N80　　　X-14698 Y-16013 ；

N90　　　X-3427 Y9416 ；

N100 G01 X0　　Y0 ；

N110 G40 ；

N120 M02 ；

【任务实施】 凹模加工工艺规程的制定

1. 冲裁凹模在冲裁模中的功用

凹模作为工作零件之一，在冲裁模中与凸模配合主要起到能使板料分离的作用，要求落料凹模按名义尺寸制造，落料凸模与其配间隙，其间隙值根据冲裁件材料厚度、材质及冲压制件形状来确定，本件冲裁双面间隙值为 0.08～0.12mm。

2. 结构特点、尺寸精度、位置精度、表面粗糙度及技术要求

凹模的加工主要是孔（系）加工，凹模型孔加工根据其形状常用普通机加工及线切割方法。在加工中对凸模、凹模常根据其形状的复杂程度采用分开加工、配合加工两种形式。

3. 零件工艺性分析

(1) 零件材料 T10A，退火状态切削加工性良好，无特殊加工问题，故加工中不需采取特殊工艺措施。刀具材料选择范围较大，高速钢或 YT 硬质合金均可达到要求。刀具几何参数可根据不同刀具类型通过相关表格查取。

(2) 零件组成表面 上下两平面、型孔、外圆及圆柱销孔、螺纹孔组成。

(3) 零件结构分析 圆形内孔为工作刃口，与下平面形成凹模刃口，上平面为重要连接面。

(4) 主要技术条件 上、下两面粗糙度 $Ra1.6\mu$m、$Ra0.8\mu$m，它是零件上的主要基准，凹模刃口 $\phi17.5$mm 精度等级：IT7 粗糙度：$Ra0.8\mu$m 与两平面保持垂直关系。

零件总体特点：长径比约 0.2，为较典型的盘类件。

4. 零件制造工艺方案制定

（1）毛坯选择　按零件特点，T10A 可选锻件（退火状态）。尺寸 $\phi125mm\times32mm$。

（2）零件各表面终加工方法及加工路线　主要表面可能采用的加工方法：按 IT7 粗糙度 $Ra1.6\mu m$、$Ra0.8\mu m$，应采用精车或磨削加工。

选择确定：按零件材料、批量大小、现场条件等因素，并对照各加工方法特点及适用范围确定采用磨削（回转型孔）或线切割（非回转型孔）。

其他表面终加工方法：结合表面加工及表面形状特点，各回转面采用半精车，螺纹孔、销孔采用钻、扩、攻丝、铰削加工。

各表面加工路线确定：$\phi17.5mm$ 内圆、上下两平面：粗车—半精车—磨削；其余回转面：粗车—半精车；螺纹孔：钻、扩、攻丝；销孔采用钻、扩、铰削加工。

（3）零件加工路线编制

① 注意把握工艺编制总原则，加工阶段可划分粗、半精、精加工 3 个阶段。

② 以机加工工艺路线为主体　以主要加工表面为主线，穿插次要加工表面。

③ 穿插热处理　考虑热处理变形等因素，将淬火热处理安排在粗加工之后精加工之前进行。

④ 安排辅助工序　热处理之前安排中间检验工序，检验前，车、钻削后去毛刺。

⑤ 调整工艺路线　对照技术要求，在把握整体的基础上作相应调整。

下料—粗车—精车—平磨—画线—钻—热处理—平磨—内圆磨（非回转型孔：线切割—研磨）

（4）选择设备、工装

① 选择设备　车削采用卧式车床，钻削采用立式钻床，磨削采用平面磨床、内圆磨床。

② 工装选择　零件粗加工、半精、精加工采用三爪夹盘安装。刀具有 90°偏刀、麻花钻、铰刀、丝锥、砂轮等。量具选用有内径千分尺、游标卡尺、螺纹塞规等。

（5）工序尺寸确定　本零件加工中，大部分工序尺寸为第一类工序尺寸，求解原则为从后往前推，依次弥补（外表面加，内表面减）余量获得，由表 2-4 孔的加工方法及加工精度查出相应经济精度，给出公差数值，并按入体原则标注工序尺寸及其偏差。

据该工作零件的尺寸精度、几何精度及表面粗糙度的要求确定以下工艺方案。

方案一　对于落料凹模刃口是圆形时 ［图 4-32（b）］，应采用以下方案：

工序号	工序名称	工序内容的要求
1	备料	备锻件：按尺寸 $\phi125mm\times32mm$ 备料，T10A 退火状态
2	车削	车外圆到尺寸 $\phi120mm$，内孔 $\phi17.1mm$ 留磨削余量 0.4mm，两平面 28mm，留磨削余量，其余达设计尺寸
3	平磨	磨光两大平面厚度达 27.6mm，保垂直度 0.02/100mm
4	数控铣	①用数控铣床点窝；②钻孔；③铰孔：铰销孔到尺寸；④攻丝：攻螺纹到尺寸
5	检验	用游标卡尺、千分尺检验
6	热处理	热处理：淬火＋低温回火，60～64HRC
7	平磨	磨光两大平面，使厚度达尺寸 27.3mm，留余量 0.3mm
8	内圆磨	磨里孔至尺寸 $\phi17.5mm$
9	钳工1	研磨刃口内壁达 $0.8\mu m$，配推件器到尺寸
10	钳工2	用垫片法保证凸凹模与凹间隙均匀后，凹模与上模座配作销钉
11	平磨	磨凹模上、下平面厚度达要求
12	检验	用内径千分尺检验
13	钳工	总装配

(a) 冲裁凹模三维图

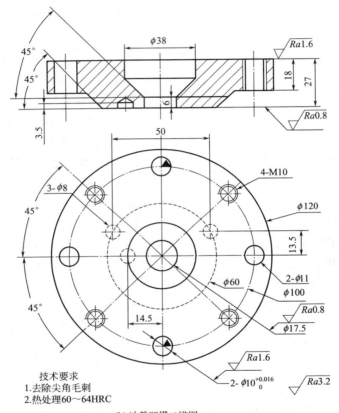

技术要求
1.去除尖角毛刺
2.热处理60～64HRC

(b) 冲裁凹模二维图

图 4-32　冲裁凹模图

方案二　对于落料凹模刃口是非圆形时（图 4-33），应采用以下方案：

工序号	工序名称	工序内容的要求
1	备料	备锻件：按尺寸 $\phi135mm \times 40mm$ 备料
2	车削	车外圆到尺寸 $\phi130mm$，两端面 36mm，留后序磨削余量
	数控铣削	铣漏料孔到要求尺寸，穿丝孔 $\phi2$
3	平磨	磨光两大平面厚度达 35.6mm，保垂直度 0.02/100mm
4	数控铣加工	①用数控铣床点窝；②钻孔；③铰孔：铰销孔到尺寸；④攻丝：攻螺纹孔到尺寸
5	检验	用游标卡尺、千分尺检验

工序号	工序名称	工序内容的要求
6	热处理	热处理：淬火＋低温回火，60～64HRC
7	平磨	磨光两大平面，使厚度达尺寸35.3mm，留余量0.3mm
8	线切割	割凹模刃口到要求尺寸，留研余量0.01～0.02mm
9	钳工	研磨刃口内壁达0.8μm，配推件器到尺寸
10	钳工	用垫片法保证凸凹模与凹间隙均匀后，凹模与上模座配作销钉
11	平磨	磨凹模上、下平面厚度达要求
12	检验	用内径千分尺检验
13	钳工	总装配

5. 图4-33 凹模线切割加工实例

（1）机床选择　机床采用DK7745。

（2）电极丝的选择　电极丝材料为钼，直径为0.18mm。

（3）工作液选择　工作液通常可用去离子水或乳化液，慢走丝机床一般采用去离子水，快走丝机床采用乳化液。

（4）工件的装夹方式　装夹采用双臂支撑法，对边分别用压板固定。

（5）电极丝位置的调整方式

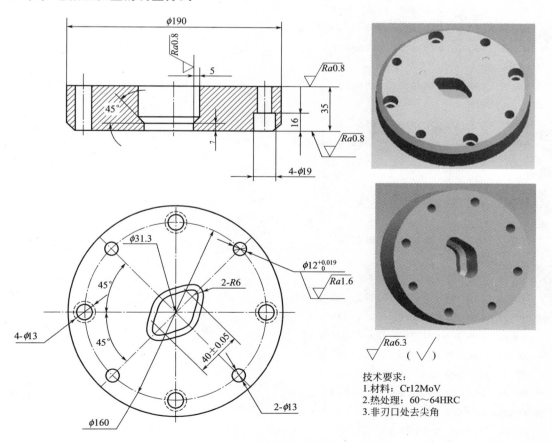

图4-33　凹模加工实例

第一步：用垂直校正器调整电极丝的垂直度。

第二步：将脉冲参数调节到碰边状态。

第三步：用电极丝碰 ϕ190mm 的外圆，找到其中心。

第四步：将电极丝穿到中心位置。

（6）加工程序

------G 代码------

N0001 　G90 G01 X939556 Y565693 LF

N0002 　G90 G03 X939556 Y565693 R-6400 LF

N0003 　G90 G01 X933156 Y565693 LF

　　　　G04

N0004 　G90 G01 X933156 Y452555 LF

　　　　G04

N0005 　G90 G01 X939056 Y452555 LF

N0006 　G90 G03 X939056 Y452555 R-5900 LF

N0007 　G90 G01 X933156 Y452555 LF

　　　　G04

N0008 　G90 G01 X1046293 Y452555 LF

　　　　G04

N0009 　G90 G01 X1052693 Y452555 LF

N0010 　G90 G03 X1052693 Y452555 R-6400 LF

N0011 　G90 G01 X1046293 Y452555 LF

　　　　G04

N0012 　G90 G01 X1046293 Y565693 LF

　　　　G04

N0013 　G90 G01 X1052193 Y565693 LF

N0014 　G90 G03 X1052193 Y565693 R-5900 LF

N0015 　G90 G01 X1046293 Y565693 LF

　　　　G04

N0016 　G90 G01 X933156 Y565693 LF

　　　　G04

N0017 　G90 G01 X989725 Y509124 LF

　　　　G04

N0018 　G90 G01 X985610 Y524482 LF

N0019 　G90 G03 X974367 Y513239 R15899 LF

N0020 　G90 G01 X969884 Y496509 LF

N0021 　G90 G03 X977110 Y489283 R5900 LF

N0022 　G90 G01 X993840 Y493766 LF

N0023 　G90 G03 X1005083 Y505009 R15899 LF

N0024 　G90 G01 X1009566 Y521739 LF

N0025 　G90 G03 X1002340 Y528965 R5900 LF

N0026 　G90 G01 X985610 Y524482 LF

N0027 　G90 G01 X989725 Y509124 LF

（7）脉冲参数：

工艺步骤	脉宽	脉间	功放	电压挡	分组
碰边	4	全开	1	1	开
加工	8、16	2、4	2或3	Ⅲ／Ⅳ	关

（8）凹模的实际加工路径（图4-34）

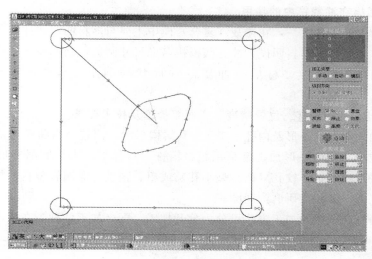

图4-34 凹模的实际加工路径图

【实做练习】

如图4-35所示非回转型凹模，试做出该件的加工工艺方案。

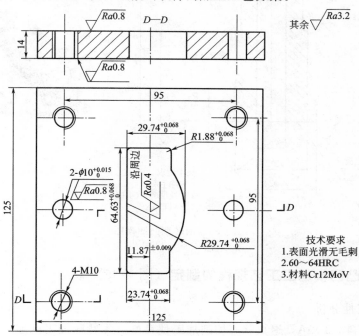

图4-35 非圆形凹模

材料：Cr12MoV

任务三 凸凹模的加工

【任务描述】

1. 冲裁凸凹模在冲裁模中的功用

凸凹模作为工作零件之一，在冲裁（复合）模中主要与落料凹模、冲孔凸模配合起到能使板料分离的作用，要求落料凹模、冲孔凸模按名义尺寸制造，凸凹模与它们配间隙，其间隙值根据冲裁件材料厚度、材质及冲压制件形状来确定，本件冲裁双面间隙值为0.08～0.12mm。

2. 结构特点、尺寸精度、位置精度、表面粗糙度及技术要求

凸凹模的加工主要是外形及内孔加工。按其结构形状，回转型凸凹模通常采用普通机加工方法；非回转型凸模的外形加工常采用粗、精铣刃口外形，坐标磨削外形或研磨方法加工；凹模刃口采用钻、扩、铰孔（回转型小孔）或粗、精铣（非回转型孔）加工漏料孔，然后用线切割加工刃口形状，研磨配间隙。

凸模、凹模、凸凹模的加工方法可分为分开加工、配合加工两种，在生产中常采用配合加工的方法。如图 4-36 所示为回转型凸凹模图，图 4-37 所示为非回转型凸凹模图。

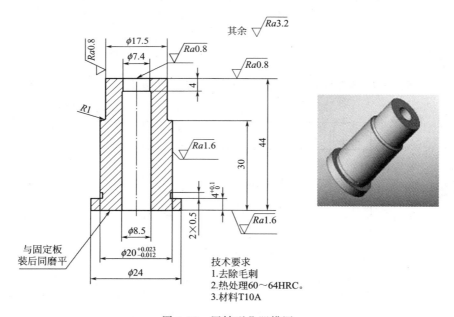

图 4-36 回转型凸凹模图

【任务实施】 凸凹模加工工艺规程的制定（图 4-36）

1. 零件工艺性分析

（1）零件材料 T10A，退火状态切削加工性良好，无特殊加工问题，故加工中不需采取特殊工艺措施。刀具材料选择范围较大，高速钢或 YT 硬质合金均可达到要求。刀具几何

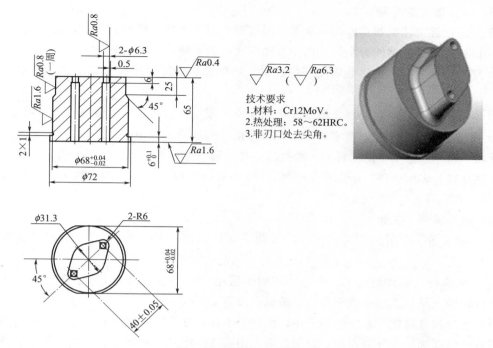

图 4-37 非回转型凸凹模图

参数可根据不同刀具类型通过相关表格查取。

（2）零件组成表面 两端面，内孔、外圆、阶梯面。

（3）零件结构分析 $\phi17.5$ 外圆、$\phi7.4$ 内孔为工作刃口，与上平面形成凸凹模刃口，下平面、$\phi20$ 外圆柱面为重要连接面。

（4）主要技术条件 上下两面粗糙度 $Ra0.8\mu m$、$Ra1.6\mu m$，它是零件上的主要基准；凸凹模刃口 $\phi17.5$、$\phi7.4$ 精度等级 IT7，粗糙度 $Ra0.8\mu m$，与两平面保持垂直关系；$\phi20$ 外圆柱面精度等级 IT7，与凸凹模固定板采用过渡配合，粗糙度 $Ra0.8\mu m$，与两平面保持垂直，与 $\phi17.5$、$\phi7.4$ 圆柱面保持同轴关系，且最小壁厚为 5mm，符合热处理工艺要求，当最小壁厚小于极限数值时，建议采用热处理工艺性较好的材料或设计新结构。此件要求刃口硬度 $60\sim64$HRC，上半部分高温回火至 $30\sim35$HRC。

零件总体特点 长径比约 2，为轴类件。

2. 零件制造工艺编制

（1）毛坯选择 按零件特点，可选锻件或棒料（退火状态），尺寸 $\phi30$mm$\times50$mm。

（2）零件各表面终加工方法及加工路线

① **主要表面可能采用的加工方法** 按 IT7 粗糙度 $Ra1.6\mu m$、$Ra0.8\mu m$，应采用精车、磨削加工或线切割。

② **选择确定** 按零件材料、批量大小、现场条件等因素，并对照各加工方法特点及适用范围确定采用磨削或线切割（大型、非回转型表面，固定板采用焊接或粘结固化形式）。

③ **其他表面终加工方法** 结合表面加工及表面形状特点，各回转面采用精车加工。

④ **各表面加工路线确定** 非配合外圆柱面：粗车—半精车；配合圆柱面及上、下两面：粗车—半精车—精车—磨（磨削前热处理）—线切割。

(3) 零件加工路线编制

① 注意把握工艺编制总原则，加工阶段可划分粗、半精、精加工三个阶段。

② 以机加工工艺路线为主体　以主要加工表面为主线，穿插次要加工表面。

③ 穿插热处理　考虑热处理变形等因素，将淬火热处理安排在粗加工之后精加工之前进行。

④ 安排辅助工序　热处理之前安排中间检验工序，检验前，车、钻削后去毛刺。

⑤ 调整工艺路线　对照技术要求，在把握整体的基础上做相应调整。

下料—粗车—精车—热处理、表面处理—外圆磨（非回转外形：下料—粗车或铣—精车或铣—热处理、表面处理—研磨或坐标磨）—线切割凸凹模刃口—研磨或抛光—平磨（与固定板装后同磨平）。

(4) 选择设备、工装

① 选择设备　车削采用卧式车床，磨削采用外圆磨、平面磨床（万能磨床），线切割设备。

② 工装选择　零件粗加工、半精、精加工采用三爪夹盘、顶尖安装。刀具有 90°、75° 偏刀，砂轮等。量具选用外径千分尺、游标卡尺等。

(5) 工序尺寸确定　本零件加工中，大部分工序尺寸为第一类工序尺寸，求解原则为从后往前推，依次弥补（外表面加）余量获得，由表 2-3 外圆柱表面的加工方法及加工精度及表 2-4 孔的加工方法及加工精度查出相应的精度，给出公差数值，并按入体原则标注工序尺寸及其偏差。

据该工作零件的尺寸精度、几何精度及表面粗糙度的要求确定以下工艺方案。

方案一　对于落料凸模刃口是回转型时，采用以下方案：

工序号	工序名称	工序内容的要求
1	备料	备 T10A 锻件或棒料(退火状态)：按尺寸 $\phi30\text{mm}\times50\text{mm}$ 备料
2	车削	车外圆到尺寸 24mm，外圆 $\phi20.4\text{mm}$、$\phi17.5\text{mm}$、$\phi7\text{mm}$ 留磨削余量 0.4mm(漏料孔尺寸加工到位，非圆形漏料孔采用数控铣削加工到尺寸)，两平面 $44.6^{+0.1}\text{mm}$，留磨削余量 0.6mm，其余达设计尺寸
3	检验	用游标卡尺、千分尺检验
4	热处理	热处理：淬火＋低温回火，60～64HRC
5	检验	洛氏硬度计
6-1	万能磨	磨外圆 $\phi20^{+0.014}_{-0.002}\text{mm}$ 靠 $\phi24$ 端面，外圆 $\phi17.5\text{mm}$，内孔 $\phi7.4\text{mm}$ 到尺寸
6-2	万能磨、线切割	磨外圆 $\phi20^{+0.014}_{-0.002}\text{mm}$ 靠 $\phi24$ 端面，外圆 $\phi17.5\text{mm}$，内孔为非回转型刃口时，用线切割加工内孔，确保双面间隙值 0.08～0.12mm
8	平磨	与固定板装后同磨平，保证长度尺寸 44mm
9	研磨或抛光	研磨刃口，配与冲孔凸模、落料凹模配间隙，保证双面间隙值 0.08～0.12mm
10	检验	用内、外径千分尺检验
11	钳工	总装配

方案二　对于落料凸模刃口是非回转型时，应采用以下方案：

工序号	工序名称	工序内容的要求
1	备料	备 Cr12MoV 锻件（退火状态）：按尺寸 $\phi75mm\times70mm$ 备料
2	粗、精车	车 $\phi72mm$ 高 6.3mm 到尺寸，$\phi68.4mm$ 留磨量 0.4mm，$\phi55mm$ 高 25mm，总高尺寸 65.5mm 留磨量 0.5mm
3	粗、精铣	按图粗、精铣凸模外形尺寸，留双面磨量 0.4mm，精铣对平 $68^{+0.040}_{-0.020}$ 到尺寸
4	钳工	钻、铰孔 $2-\phi7.3$ 到尺寸要求，钻 $2-\phi3$ 线切割底孔
5	钳工	去毛刺
6	检验	用游标卡尺检验
7	热处理	热处理：淬火＋低温回火，60～64HRC
8	万能磨	磨高度到尺寸 65＋0.1mm，$\phi68^{+0.02}_{-0.02}$ 到尺寸，表面粗糙度 $Ra0.8\mu m$
9	线切割	线切割 $2-\phi6.3$ 冲孔凹模刃口，留 0.1mm 研磨余量
10-1	研磨	按凹模刃口尺寸配间隙，研磨确保双面间隙 0.08～0.12mm
10-2	坐标磨	落料凸模刃口磨到尺寸，与落料凹模之间确保双面间隙 0.08～0.12mm，表面粗糙度 $Ra0.8\mu m$
10-3	线切割	采用镶拼式结构，凸模刃口形状用线切割，留研磨量 0.1mm；研磨：与落料凹模之间确保双面间隙 0.08～0.12mm，表面粗糙度 $Ra0.8\mu m$
11	研磨	冲孔凸模 $2-\phi6.3$ 装入凸凹模，研磨刃口，确保双面间隙 0.08～0.12mm，表面粗糙度 $Ra0.8\mu m$
12	平磨	与固定板装后同磨平，保证高度尺寸要求 65mm
13	检验	用内、外径千分尺检验
14	钳工	总装配

【实做练习】

如图 4-38 所示非回转型凸凹模，试做出该件的加工工艺方案。

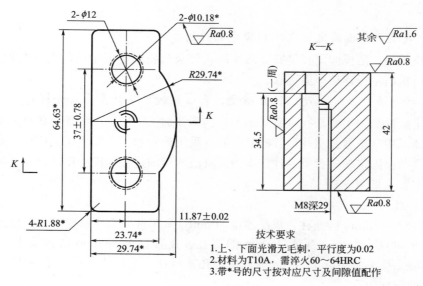

图 4-38 零件图

项目五　其他零件的加工

【学习目标】

① 了解固定板、卸料板、退件器零件的结构特征及工艺要求。
② 灵活运用各种加工方法加工固定板、卸料板、退件器零件。

【职业技能】

① 零件的结构及技术要求对加工的影响。
② 能根据零件工艺性分析的结果正确选取加工方法。
③ 具有编制工作零件加工工艺的能力。

冲模中除去模架、工作零件外，还包括起固定连接作用的凸模固定板、凹模固定板及凸凹模固定板；起到将卡在凹模中的零件推出凹模作用的退（顶）件器；将废料从凸模（凸凹模上）推出的卸料板；起导向作用的导向零件等。固定板是冲压过程间接完成冲压工序的零件称之为结构零件；推（顶）件器、卸料板、导向零件则直接与板料接触与工作零件一起完成冲压工序的零件，被称之为工艺零件。它们的质量也会影响模具的使用寿命和制件的质量。

任务一　凸模固定板的加工

【任务描述】

（一）冲裁模具凸模固定板在冲裁模中的作用

在冲裁模具中，凸模固定板是安装凸模的，要求凸模固定板中间的孔与凸模过渡配合，要求凸模与凸模固定板连接牢固可靠。

（二）结构特点、尺寸精度、位置精度、表面粗糙度及技术要求分析

凸模固定板的加工主要是孔（系）加工，其型孔加工根据其形状常用普通机加工及线切割方法。在加工中常根据其型孔形状的复杂程度采用分开加工、配合加工两种形式。

一般模具凸模固定板属盘类零件。本例模具凸凹模固定板的尺寸精度、位置精度、表面粗糙度及技术要求见图 5-1。

1. 形状特点

外形为直径 $\phi112$mm 的圆柱，成品厚度 20mm，本零件型孔为圆形孔，内径的公称尺寸为 $\phi20$mm，单面有 $\phi25$mm，深 $4_{-0.1}$mm 的沉孔。在直径为 $\phi80$mm 的圆周上均布有 4 个 M10 的螺钉透孔和 4 个 $\phi13$mm/$\phi22$mm 的阶梯孔。另外，在直径为 $\phi45$mm 的圆周上均布有 2 个 $\phi10$mm 的圆柱销孔。

2. 尺寸精度

$\phi20$mm 孔下偏差为 0，上偏差为 $+0.023$，属 IT7 级精度。

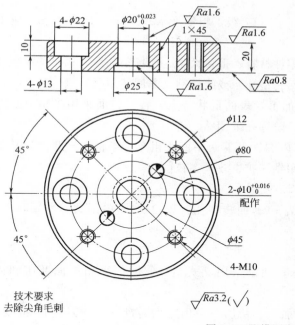

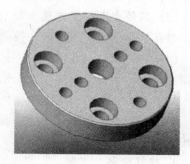

图 5-1　凸模固定板

2 个 ϕ10mm 的圆柱销孔尺寸公差为 +0.016mm，属 IT7 级精度。

3. 位置精度

从工作要求上型孔的轴线应垂直于上下两个平面，2 个圆柱销孔的位置与 4 个 M10 螺钉孔的位置有要求。

4. 表面粗糙度

上平面、型孔内圆柱面、圆柱销内孔、ϕ25mm 沉孔平面均为 $Ra1.6\mu$m，下平面为 0.8μm，其余各表面均为 $Ra3.2\mu$m。

5. 技术要求

材料：45 钢，件数：1 件 属单件小批生产，无热处理要求。

（三）零件工艺性分析

（1）零件材料　45，退火状态切削加工性良好，无特殊加工问题，故加工中不需采取特殊工艺措施。刀具材料选择范围较大，高速钢或 YT 硬质合金均可达到要求。刀具几何参数可根据不同刀具类型通过相关表格查取。

（2）零件组成表面　上、下两平面、里孔、外圆及圆柱销孔、螺纹孔、阶梯孔。

（3）零件结构分析　圆形内孔应与凸、凹模滑动配合，与上、下两平面垂直。

（4）主要技术条件　上平面粗糙度 $Ra1.6\mu$m，下平面粗糙度 $Ra0.8\mu$m，它是零件上的主要基准面，ϕ20mm 孔为 IT7 级精度，与两平面保持垂直关系。

（5）零件总体特点　长径比约 0.2，为较典型的盘类件。

【任务实施】　零件制造工艺编制

1. 毛坯选择

按零件特点，可选圆棒料。尺寸 ϕ120mm×25mm。

2. 零件各表面加工方法及加工路线

(1) 主要表面可能采用的加工方法 按 IT7 级，粗糙度 $Ra1.6\mu m$、$Ra0.8\mu m$，应采用精车或磨削加工。

(2) 主要表面终加工方法确定 按零件材料、批量大小、现场条件等因素，并对照各加工方法特点及适用范围确定采用磨削（回转型孔）或线切割（非回转型孔）。

(3) 其他表面加工方法 结合表面加工及表面形状特点，各回转面采用半精车，螺纹孔、销孔采用钻、扩、攻丝、铰削加工，阶梯孔采用钻、铣加工。

(4) 各表面加工路线确定 $\phi20mm$ 内圆、上下两平面：粗车—半精车—磨削；其余回转面：粗车—半精车，螺纹孔、销孔采用钻、扩、攻丝、铰削加工。

3. 零件加工路线编制

下料—粗车—精车—平磨—画线—钻—（非回转型孔：数控铣）—内圆磨（非回转型孔：线切割—研磨）—钳工研配。

4. 选择设备、工装

(1) 选择设备 车削采用卧式车床，钻削采用立式钻床，磨削采用平面磨床和内圆磨床。

(2) 工装选择 零件粗加工、半精加工、精加工采用三爪夹盘安装。刀具有 90°偏刀、麻花钻、铰刀、丝锥、铣刀、砂轮等。量具选用内径千分尺、游标卡尺、螺纹塞规等。

5. 工序尺寸确定

本零件加工中，大部分工序尺寸为第一类工序尺寸，求解原则为从后往前推，依次弥补（外表面加，内表面减）余量获得，并按经济精度给出公差，按入体原则，给出各工序尺寸偏差。

6. 填写工艺文件（工序过程卡）

据该工作零件的尺寸精度、几何精度及表面粗糙度的要求确定以下工艺方案。

工序号	工序名称	工序内容的要求
1	备料	下料：按尺寸 $\phi118mm\times26mm$ 备料
2	车削	车外圆到尺寸 $\phi112mm$，内孔 $\phi19.6mm$，留磨削余量 0.4mm，两平面 20.6mm，留磨削余量 0.6mm，其余达设计尺寸
3	检验	用游标卡尺、千分尺检验
4	平磨	磨光两大平面厚度达 20mm，保平行度 0.02/100mm
5	钳工	①画线；②钻、锪孔；③铰孔：铰销孔到尺寸；④攻丝：攻螺纹孔到尺寸（具体尺寸要求）
6	检验	用游标卡尺、千分尺检验
7	磨型孔	型孔磨到图纸要求尺寸
8	钳工	与凸凹模研配
9	平磨	与凸凹模装后同磨平
10	检验	用内径千分尺检验

【实做练习】

① 如图 5-2 所示凸模固定板，试做出该件的加工工艺方案。

② 如图 5-3 所示凸凹模固定板，试做出该件的加工工艺方案。

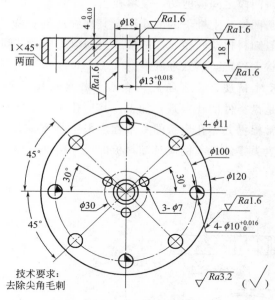

图 5-2　凸模固定板

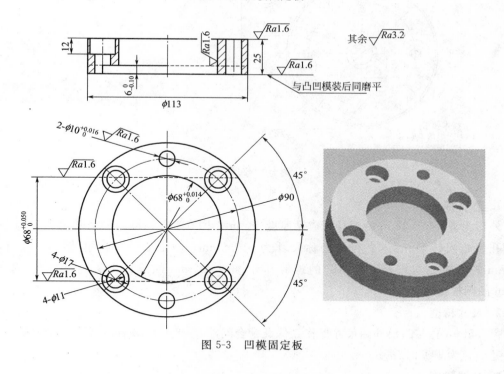

图 5-3　凹模固定板

任务二　卸料板的加工

【任务描述】

（一）卸料板在冲裁模中的作用

在冲裁模中，卸料板按模具结构型式可分为固定式卸料板、悬臂式卸料板、弹压卸料板

（退料板）。板料在凸模与凹模之间被剪切，废料板会套在凸模上，卸料板主要可以起到冲裁完成后将废料从凸模（凸凹模）上推下的的作用，其次弹压卸料板还可以起到压料的作用。为保证冲裁精度要求一般卸料板与凸模（凸凹模）为间隙配合，其间隙值根据冲裁件材料厚度、材质及冲压制件形状来确定。热处理硬度 38～42HRC。

（二）结构特点、尺寸精度、位置精度、表面粗糙度及技术要求分析

卸料板的加工主要是盘类件的孔（系）加工，其型孔加工根据其形状常用普通机加工及线切割方法。在加工中常根据其型孔形状的复杂程度采用分开加工、配合加工两种形式。

一般模具卸料板属盘类零件。本例模具卸料板的尺寸精度、位置精度、表面粗糙度及技术要求见图 5-4 和图 5-5。

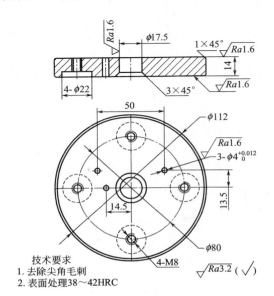

图 5-4　卸料板

1. 形状特点

外形为直径 ϕ112mm 的圆柱，成品厚度 14mm，图 5-4 零件型孔为回转型孔（图 5-5 零件型孔为非回转型孔），直径的公称尺寸为 ϕ17.5mm，单面有 $3 \times 45°$ 的倒角。在直径为 ϕ80mm 的圆周上均布有 4 个 M8 的螺钉孔和 4 个 ϕ22mm 的螺钉沉头孔。另外，有 3 个 ϕ4mm 的圆柱销孔。

2. 尺寸精度

ϕ17.5mm 孔与凸模外圆尺寸配作，保证配合间隙 0.08～0.12mm。3 个 ϕ4mm 的圆柱销孔尺寸公差为 +0.012mm。

3. 位置精度

从工作要求上型孔的轴线应垂直于上、下两个平面。

4. 表面粗糙度

上、下平面、型孔内圆柱面、圆柱销内孔均为 $Ra1.6\mu m$，其余各表面均为 $Ra3.2\mu m$。

5. 技术要求

热处理硬度 38～42HRC，件数：1 件属单件小批生产。

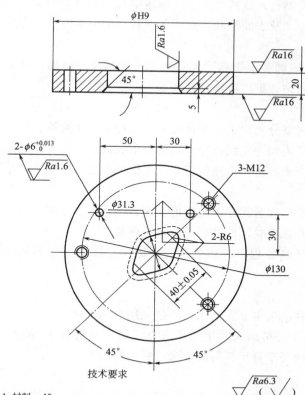

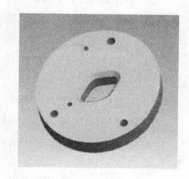

1. 材料：45
2. 型腔尺寸与凸凹装滑配，其间隙为0.1～0.2mm
3. 热处理：35～40HRC

图 5-5　退料板

（三）零件工艺性分析

（1）零件材料　45，退火状态切削加工性良好，无特殊加工问题，故加工中不需采取特殊工艺措施。刀具材料选择范围较大，高速钢或 YT 硬质合金均可达到要求。刀具几何参数可根据不同刀具类型通过相关手册查取。

（2）零件组成表面　上、下两平面、里孔、外圆及圆柱销孔、螺纹孔。

（3）零件结构分析　圆形内孔应与凸模滑动配合，与上、下两平面垂直。

（4）主要技术条件　上、下两面粗糙度 $Ra1.6\mu m$，它是零件上的主要基准，$\phi17.5mm$ 孔与凸模外圆尺寸配作，保证配合间隙 0.08～0.12mm，并与两平面保持垂直关系。

（5）零件总体特点　长径比约 0.1，为较典型的盘类件。

【任务实施】　零件制造工艺编制

1. 毛坯选择

按零件特点，可选板材。尺寸 $\phi120mm\times25mm$。

2. 零件各表面终加工方法及加工路线

（1）主要表面可能采用的加工方法　按 IT7 粗糙度 $Ra1.6\mu m$，应采用精车或磨削加工。

（2）主要表面终加工方法确定　按零件材料、批量大小、现场条件等因素，并对照各加工方法特点及适用范围确定采用磨削（回转型孔）或线切割（非回转型孔，如图5-5）。

　　（3）其他表面终加工方法　结合表面加工及表面形状特点，各回转面采用半精车，螺纹孔、销孔采用钻、扩、攻丝、铰削加工。

　　（4）各表面加工路线确定　$\phi17.5$mm 内圆、上下两平面：粗车—半精车—磨削；其余回转面：粗车—半精车，螺纹孔、销孔采用钻、扩、攻丝、铰削加工。

　　3. 零件加工路线编制

　　注意把握工艺编制总原则，加工阶段可划分粗加工、半精加工、精加工三个阶段。

　　以机加工工艺路线为主体，以主要加工表面为主线，穿插次要加工表面。

　　（1）穿插热处理　考虑热处理变形等因素，将淬火热处理安排在粗加工之后精加工之前进行。

　　（2）安排辅助工序　热处理之前安排中间检验工序，检验前，车、钻削后去毛刺。

　　（3）调整工艺路线　对照技术要求，在把握整体的基础上做相应调整：

　　下料—粗车—精车—平磨—画线—钻—热处理、表面处理—平磨—内圆磨（非回转型孔：线切割—研磨）

　　4. 选择设备、工装

　　（1）选择设备　车削采用卧式车床，钻削采用立式钻床，磨削采用内圆磨床。

　　（2）工装选择　零件粗加工、半精加工、精加工采用三爪夹盘安装。刀具有90°偏刀、麻花钻、铰刀、丝锥、砂轮等。量具选用内径千分尺、游标卡尺、螺纹塞规等。

　　5. 工序尺寸确定

　　本零件加工中，大部分工序尺寸为第一类工序尺寸，求解原则为从后往前推，依次弥补（外表面加，内表面减）余量获得，并按经济精度给出尺寸偏差。

　　6. 填写工艺文件（工序过程卡）

　　据该工作零件的尺寸精度、几何精度及表面粗糙度的要求确定以下工艺方案。

　　方案一：对于落料凹模刃口是回转型孔时的卸料板，应采用以下方案：

工序号	工序名称	工序内容的要求
1	备料	45 钢下料：按尺寸 $\phi118$mm×20mm 备料
2	车削	车外圆到尺寸 $\phi112$mm，内孔 $\phi16.9$mm，留磨削余量 0.6mm，两平面 14.6mm，留磨削余量 0.6mm，其余达设计尺寸
3	平磨	磨光两大平面厚度达 14.6mm，保平行度 0.02/100mm
4	钳工	①画线；②钻孔；③铰孔：铰销孔到尺寸；④攻丝：攻螺纹孔到尺寸
		锪钻 4×$\phi22$ 孔达图纸要求
5	检验	用游标卡尺、千分尺检验
6	热处理	热处理达到硬度 38～42HRC，煮黑
7	检验	用洛氏硬度计检验硬度
8	磨削	磨上、下两面到尺寸 14，保证平行度；内圆磨削到尺寸 $\phi17.5$，保证尺寸精度、表面粗糙度、垂直度
9	钳工	与凸模研配，保证间隙 0.1mm
10	检验	用内径千分尺检验

　　方案二：对于落料凹模刃口是非回转型孔时的卸料板，应采用以下方案：

工序号	工序名称	工序内容的要求
1	备料	备锻件：按尺寸 $\phi165mm\times25mm$ 备料
2	车削	车外圆到尺寸 $\phi160mm$，穿丝孔尺寸 $\phi5$，两平面 20.6mm，留磨削余量 0.6mm，其余达设计尺寸
3	平磨	磨光两大平面厚度达 20.6mm，保平行度 0.02/100mm
4	钳工	①画内孔轮廓线、图示孔位置线；②按图钻孔、钻穿丝孔；③铰销孔到尺寸；④攻螺纹到尺寸
5	铣削	按线铣 $5\times45°$一周
6	检验	用游标卡尺、千分尺检验
7	热处理	按热处理工艺进行，保证硬度 38～42HRC，煮黑
8	检验	用洛氏硬度计检验硬度
9	平磨	磨光两大平面，使厚度达尺寸 14mm
10	线切割	割型孔，尺寸要与凸模尺寸配作
11	钳工	与凸凹模研配，保证间隙 0.1mm
12	检验	用内径千分尺检验

【实做练习】

如图 5-6 所示退料板，试做出该件的加工工艺方案。材料为 45 钢，热处理 HRC38～42，表面煮黑处理。

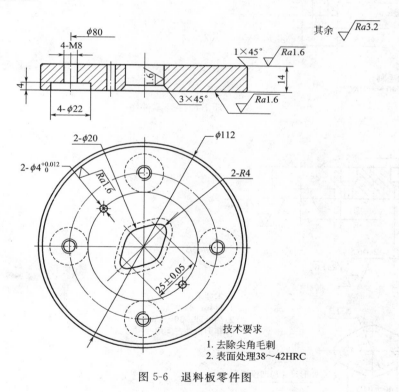

图 5-6　退料板零件图

任务三　推（顶）件器的加工

【任务描述】

（一）推（顶）件器在冲裁模中的作用

在冲裁模具中，用推（顶）件器可以顺利地将冲制的零件或料豆（正装式冲模）从凹模型孔及凸模上推出来，弹压推（顶）件器还可以起到压料的作用。设计要求推件器内孔与凸模间隙配合、外形与凹模间隙配合，内孔、外形与上下两面垂直。热处理硬度 38~42HRC。

（二）结构特点、尺寸精度、位置精度、表面粗糙度及技术要求分析

推件器的加工主要是内孔、外形的加工，其型孔加工根据其形状常用普通机加工及线切割方法，外形加工根据其形状常用普通机械加工。在加工中常根据其型孔形状的复杂程度采用分开加工、配合加工两种形式。

一般模具推件器属盘套类零件。

图 5-7、图 5-8 模具推件器属盘套类零件，尺寸精度、位置精度、表面粗糙度及技术要求见图。

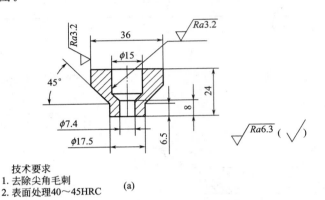

技术要求
1. 去除尖角毛刺
2. 表面处理40~45HRC

(a)　　　　　(b)

图 5-7　环形推件器零件图

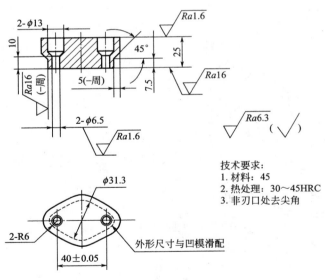

技术要求：
1. 材料：45
2. 热处理：30~45HRC
3. 非刃口处去尖角

图 5-8　异型推件器零件图

1. 形状特点

图 5-7 外形为直径 $\phi36mm/\phi17.5mm$ 阶梯轴、内孔 $\phi7.4mm/\phi15mm$ 的空心阶梯圆柱孔，成品厚度 24mm，本零件型孔为回转型孔。内径的公称尺寸为 $\phi7.4mm$，与凸模间隙配合；外径的公称尺寸为 $\phi17.5mm$，与凹模间隙配合。

图 5-8 外形如图示，零件外形为非回转型、型孔为回转型孔组成。内径的公称尺寸为 2-ϕ6.5mm，与凸模间隙配合；外形尺寸与凹模间隙配合。

2. 尺寸精度

外形分别与凹模间隙配合，精度要求较高。

3. 位置精度

外形与上下两面垂直，公差等级按尺寸公差一半掌握。

4. 表面粗糙度

主要配合表面均为 $1.6\mu m$，其余各表面均为 $3.2\mu m$。

5. 技术要求

材料：45 钢，件数：1 件 属单件小批生产，热处理要求 40～45HRC。

（三）零件工艺性分析

1. 零件材料

45，退火状态切削加工性良好，无特殊加工问题，故加工中不需采取特殊工艺措施。刀具材料选择范围较大，高速钢或 YT 硬质合金均可达到要求。刀具几何参数可根据不同刀具类型通过相关手册查取。

2. 零件组成表面

上下两平面、内圆柱面、外圆柱面及非圆柱面、阶梯孔。

3. 零件结构分析

内圆柱面应与凸模滑动配合，与上、下两平面垂直。

4. 主要技术条件

上平面粗糙度 $Ra1.6\mu m$，下平面粗糙度 $Ra0.8\mu m$，它是零件上的主要基准，ϕ20mm 孔为 IT7 级精度，与两平面保持垂直关系。

零件总体特点长径比约 1，为较典型的盘套类件。

【任务实施】　零件制造工艺编制

1. 毛坯选择

按零件特点，可选棒材组料。尺寸 ϕ40mm×30mm 及 ϕ55mm×30mm（单件坯料尺寸）。

2. 零件各表面加工方法及加工路线

（1）主要表面可能采用的加工方法　按 IT7 级，粗糙度 $Ra1.6\mu m$、$Ra0.8\mu m$，应采用精车和磨削加工、精铣和磨削加工。

（2）选择确定　按零件材料、批量大小、现场条件等因素，并对照各加工方法特点及适用范围确定采用磨削（回转型孔）或线切割（非回转型孔）。

（3）其他表面加工方法　结合表面加工及表面形状特点，各回转面采用半精车，孔采用钻、铰削加工，阶梯孔采用钻，外形采用铣、磨削加工。

（4）图 5-7 各表面加工路线确定　ϕ20mm 内圆、上下两平面：粗车—半精车—磨削；其余回转面：粗车—半精车、销磨削加工。

（5）图 5-8 各表面加工路线确定　外形、上下两平面：粗铣—半精铣—磨削；其余 2-ϕ6.5mm 内圆柱面：数控铣点窝—钻—扩、铰削加工。

3. 零件加工路线编制

注意把握工艺编制总原则，加工阶段可划分粗加工、半精加工、精加工三个阶段。

以机加工工艺路线为主体，穿插热处理工序。以主要加工表面为主线，穿插次要加工表面，精加工前安排热处理工序。

（1）安排辅助工序　安排中间检验工序，检验前，车、钻削后去毛刺。

（2）调整工艺路线　对照技术要求，在把握整体的基础上做相应调整：

图5-7，下料—粗车—半精车—平磨—热处理—万能磨—研磨；

图5-8，下料—粗铣—半精铣—平磨—画线—钻—扩—热处理—磨平面、外形面、内圆型孔（非回转型孔：线切割）—研磨。

4. 选择设备、工装

（1）选择设备　车削采用卧式车床，钻削采用立式钻床，磨削采用内圆磨床。

（2）工装选择　零件粗加工、半精加工、精加工采用三爪夹盘安装。刀具有90°偏刀、麻花钻、铰刀、铣刀、砂轮等。量具选用内径千分尺、游标卡尺等。

5. 工序尺寸确定

本零件加工中，大部分工序尺寸为第一类工序尺寸，求解原则为从后往前推，依次弥补（外表面加，内表面减）余量获得，并按经济精度给出公差。

6. 填写工艺文件（工艺过程卡）

据该工作零件的尺寸精度、几何精度及表面粗糙度的要求确定以下工艺方案。

方案一

工序号	工序名称	工序内容的要求
1	备料	下料45圆钢，按尺寸 $\phi40mm\times30mm$ 备料（也可下组料）
2	车削	车外圆到尺寸 $\phi17.5mm$，内孔 $\phi7.4mm$，留磨削余量0.4mm，两端面25.6mm，留磨削余量0.6mm，其余达设计尺寸
3	检验	用游标卡尺、千分尺检验
4	热处理	按热处理工艺进行，保证硬度40～45HRC
5	检验	用洛氏硬度计检验硬度，目测表面氧化质量
6	磨削	万能磨削外圆、型孔及上下两面到图纸要求尺寸
7	研磨	与凹模研配，保证间隙0.1mm
8	检验	用内径千分尺检验

方案二

工序号	工序名称	工序内容的要求
1	备料	下料45圆钢，按尺寸 $\phi55mm\times30mm$ 备料（也可下组料）
2	粗削	粗、精铣上下两面至25.6mm，留磨削余量0.6mm；与凹模配合外形尺寸，留磨削余量0.4mm；其余达设计尺寸
3	磨削	磨上下两面，保证平行度，留磨削余量0.4mm
4	画线	按图纸要求画线
5	钻削	钻 $2-\phi5.5$ 孔、扩孔至尺寸要求

工序号	工序名称	工序内容的要求
6	检验	用游标卡尺、千分尺检验
7	热处理	按热处理工艺进行，保证硬度 40～45HRC
8	检验	用洛氏硬度计检验硬度，目测表面氧化质量
9	磨削	万能磨削外形、型孔及上下两面到图纸要求尺寸
10	研磨	与凹模研配，保证间隙 0.1mm
11	检验	用内径千分尺检验

项目六　冲压模具的装配与调试

【学习目标】

① 模架的装配。

② 凸模、凹模、凸凹模的装配，掌握常用间隙的调整方法。

③ 固定板、卸料板、退件器零件的装配，掌握固定与连接方法。

④ 掌握冲模试冲时容易产生的缺陷、原因及调整方法。

【职业技能】

① 各种零件的结构及技术要求对装配的影响。

② 能根据零件的各种装配关系，选取正确的装配方法。

③ 具有编制零件装配工艺的能力。

④ 具有简单的模具调试能力。

⑤ 以小组为单位进行模具调试。

【相关知识】

模具的装配，就是按规定的技术要求，将模具零件或部件进行配合和连接，使之成为半成品或成品的工艺过程。图 6-1 为模具装配图。

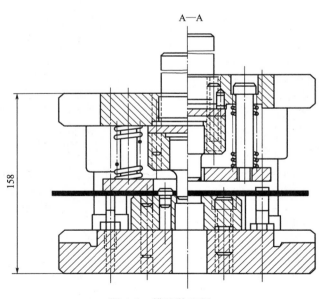

图 6-1　模具装配图

模具生产属于单件小批生产，故在装配时，模具零件加工误差的积累会直接影响模具装配精度。鉴于模具零件加工精度不同，故可以采用不同的装配方法。目前，模具的装配方法主要有如下两种。

1. 配作装配法

特点是使各零件装配后的相对位置保持正确关系。因此，零件在加工时，只需对与装配有关的必要部位进行高精度加工，而孔位精度由钳工以配作来保证。适用于一些加工条件较差的中、小型工厂中。

2. 直接装配法

是指模具所有零件的型孔、型面，包括安装螺钉孔、销钉孔都是单件加工完成的。装配时，钳工只要把零件按装配图连接在一起即可。要求加工设备精度较高，并且有高精度的检测手段。

【项目描述】

图 6-2 和图 6-3 所示为导柱式落料模的装配图。表 6-1 为零件明细表。

表 6-1　零件明细表

件号	名　称	数量	材料	规　格	标　准　号	附　注	页次
26	限制器	2		30×83			1
25	导套	2					1
24	导柱	2					1
23	下模座	1	HT200	09	01706—010		12
22	下垫板	1	T8A			52～56 HRC	11
21	挡料销	2		01	01706—550		1
20	托板	1	Q235				10
19	螺钉	6		M6×15	GB68—85		1
18	顶杆	3		Ⅱ×07×127	01706—250		1
17	退料螺钉	3		M12×95	01706—800		1
16	销钉	2		10×40	GB119—86		1
15	螺钉	4		M10×40	GB70—86		1
14	凸凹模固定板	1	45				9
13	凸凹模	1	Cr12MoV			60～64 HRC	8
12	退料板	1	45			35～40 HRC	7
11	凹模	1	Cr12MoV	10×40		52～56 HRC	6
10	退料器	1	45	M10×40		35～40 HRC	5
9	凸模	1	T10A	6.3×60	01706—400		1
8	固定板	1	45				4
7	上垫板	1	T8A			52～56 HRC	3
6	螺钉	4		M12×80	GB70—86		1
5	销钉	4	45	12×60	GB119—86		1
4	上模座	1	HT200	09	01706—020		2
3	螺钉	4		M12×35	GB70—86		1
2	模柄	1	45	B×06×4	01706—231	D=69	1
1	打杆	1	45	16A	01706—260	L=200	1

技术要求：

① 模具闭合后，其上下模座之不平度为 0.03：300；

② 凹模与凸模按名义尺寸制造，凸凹模配间隙，其双面间隙为 0.24～0.36；

③ 上下模座打工具号，并在非加工面涂红色油漆；

④ 闭合高为 266mm，允差±0.5mm。

(a)

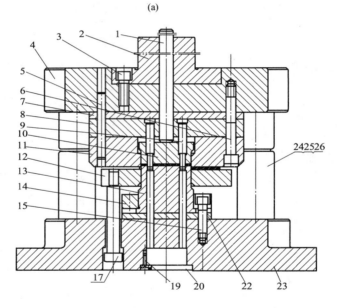

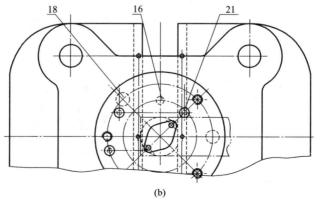

(b)

图 6-2　模具结构图

排样图：

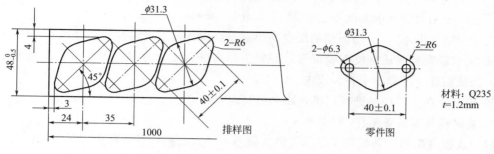

图 6-3　排样图

1. 导柱式落料模装配的技术要求

① 装配好的冲模，其闭合高度应符合设计要求。

② 模柄 2 装入上模座 4 后，其轴心线对上模座 4 上平面的垂直度误差，在全长范围内不大于 0.05mm。

③ 导柱 24 与导套 25 装配后，其轴心线应分别垂直于下模座 23 的底平面和上模座 4 的上平面，其垂直度误差应符合表 6-2 的规定。

表 6-2　模架分级技术指标

检查模块	被测尺寸/mm	模架精度等级	
		0Ⅰ级、Ⅰ级	0Ⅱ级、Ⅱ级
		公差等级	
上模座上平面对下模座下平面的平行度	≤400	5	6
	>400	6	7
导柱中心线对下模座下平面的垂直度	≤160	4	5
	>160	5	6

注：公差等级按 GB1184。

④ 上模座 4 的上平面应与下模座 23 的底平面平行，其平行度应符合表 6-2 的规定。

⑤ 装入模架的每对导柱 24 和导套 25 的配合间隙（或过盈）应符合表 6-3 的规定。

表 6-3　导柱、导套配合间隙（或过盈）

配合形式	导柱直径	模架精度等级		配合后的过盈量
		Ⅰ级	Ⅱ级	
		配合后的间隙值		
滑动配合	≤18	≤0.010	≤0.015	—
	>18~30	≤0.011	≤0.017	
	>30~50	≤0.014	≤0.021	
	>50~80	≤0.016	≤0.025	
滚动配合	>18~35			0.01~0.02

注：1. Ⅰ级精度的模架必须符合导套、导柱配合精度为 H6/h5 时按表给定的配合间隙值。

2. Ⅱ级精度的模架必须符合导套、导柱配合精度为 H7/h6 时按表给定的配合间隙值。

⑥ 装配好的模架，其上模座 4 沿导柱 24 上、下移动应平稳，无阻滞现象。

⑦ 装配好的导柱，其固定端面与下模座下平面应保留 1～2mm 距离，选用 B 型导套时，装配后其固定端面应低于上模座上平面 1～2mm。

⑧ 凸模 9 和凹模 11、凸凹模的配合间隙应符合设计要求，沿整个刃口轮廓应均匀一致。

⑨ 定位装置要保证定位正确可靠，卸料、顶料装置要动作灵活、正确，出料孔要畅通无阻，保证制件及废料不卡在冲模内。

⑩ 模具应在生产现场进行试模，冲出的制件应符合设计要求。

2. 装配模具前准备工作

（1）读懂装配图 装配钳工必须读懂和熟悉所要装配的模具装配图，掌握该模具的结构特点和主要技术要求，以及各零部件的安装部位、功能要求及在模具中的作用和其加工工艺过程，了解其与有关零件的连接方式和配合性质，从而确定合理的装配基准、装配方法和装配顺序。

（2）清理和检查模具零件 根据模具图零件明细表，清理零件，检查主要工作零件的尺寸和形位精度，查明各部分配合面的间隙以及有无变形和裂纹等缺陷。

（3）布置好装配工作场地 将装配工作台案清理干净，并准备好装配时所需的工具、夹具、量具以及一些辅助设备和材料。

【项目实施】 模架的装配

1. 模柄的装配

冲裁模一般选用标准模架，装配时需对标准模架进行补充加工，然后进行模柄、凸模和凹模等装配。模柄的装配如图 6-4 所示。

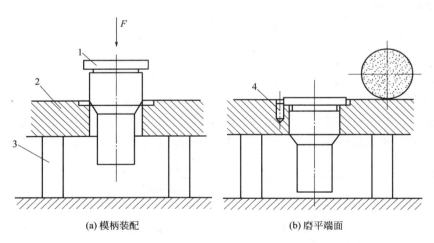

(a) 模柄装配   (b) 磨平端面

图 6-4 模柄装配

1—模柄；2—上模座；3—等高垫块；4—骑缝销

模柄 1 与上模座 2 的配合为 H7/m6。先将模柄 1 压入模座孔内，并用角尺检查模柄圆柱面与上模座上平面的垂直度，其误差不应大于 0.05mm。模柄垂直度检验合格后再加工骑缝销（螺）孔，装入骑缝销 4（或螺钉），然后将端面在平面磨床上磨平。在凸模固定板上压入多个凸模时，一般应先压入容易定位和便于作为其他凸模安装基准的凸模。凡较难定位或要依靠其他零件通过一定工艺方法才能定位的凸模，应后压入。

2. 导柱和导套的装配

图 6-5 所示冲模的导柱、导套与上、下模座均采用压入式连接。导套、导柱与模座的配合分别为 H7/r6 和 R7/r6，压入时要注意校正导柱对模座底面的垂直度。装配好的导柱的固定端面与下模座底面的距离不小于 1～2mm。导套的装配如图 6-5 所示。

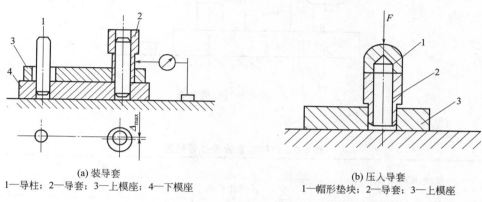

(a) 装导套
1—导柱；2—导套；3—上模座；4—下模座

(b) 压入导套
1—帽形垫块；2—导套；3—上模座

图 6-5　导套的装配

将上模座反置套在导柱上，再套上导套，用千分表检查导套配合部分内外圆柱面的同轴度，使同轴度的最大偏差 Δ_{max} 处在导柱中心连线的垂直方向（图 6-6）。用帽形垫块放在导套上，将导套的一部分压入上模座，取走下模座，继续将导套的配合部分全部压入。这样装配可以减小由于导套内、外圆不同轴而引起的孔中心距变化对模具运动性能的影响。

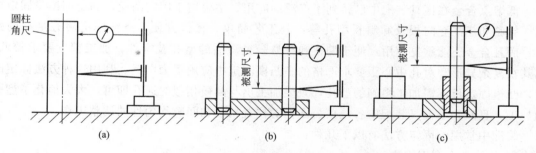

(a)　　　　　　　　　(b)　　　　　　　　　(c)

图 6-6　导柱、导套垂直度的检测查明原因并予以清除

导柱装配后的垂直度误差采用比较测量进行检验，如图 6-6(b) 所示。

将装配好导套和导柱的模座组合在一起，在上、下模座之间垫入一球头垫块支撑上模座，垫入垫块高度必须控制在被测模架闭合高度范围内，然后用百分表沿上模座周界对角线测量被测表面。如图 6-7 所示。根据被测表面大小可移动模座或百分表座。在被测表面内取百分表的最大与最小读数之差，作为被测模架的平行度误差。

3. 凹模与凸模的装配

如图 6-2 所示，凹模与固定板的配合常采用 H7/m6 或 H7/n6。总装前应先将凹模压入固定板，并在平面磨床上将上、下平面磨平。

如图 6-2 所示，凸模与固定板的配合常采用 H7/m6 或 H7/n6。凸模压入固定板后，其固定端的端面和固定板的支承面应处于同一平面。凸模应和固定板的支承面垂直，其垂直度

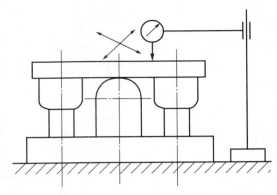

图 6-7　模架平行度的检查

公差见表 6-4。

表 6-4　凸模垂直公差推荐数据

凸模、凹模间隙值	垂直度公差等级	
	单个凸模	多个凸模
薄料、无间隙（≤0.02）	5	6
＞0.02～0.06	6	7
＞0.06	7	8

注：间隙值指凸模、凹模间隙值的允许范围。

4. 低熔点合金和粘结技术的应用

低熔点合金在模具装配中已得到了广泛的应用。主要用于固定凸模、固定凹模、固定导柱、导套和浇注导向板及卸料板型孔等。其工艺简单、操作方便，浇注固定后有足够的强度，而且合金还能重复使用，便于调整和维修。被浇注的型孔及零件，加工精度要求较低。尤其在复杂异形和对孔中心距要求严格的多凸模固定中应用更为广泛。利用这种方法固定凸模，凸模固定板不需加工精确的型孔，只要加工出与凸模相似的通孔即可，大大简化了型孔的加工，且减轻了模具装配中各凸模、凹模的位置精度和间隙均匀性的调整工作。

装配中常用的固定方法有以下几种：

① 低熔点合金固定法；

② 环氧树脂固定法；

③ 无机粘结法。

5. 冲裁模的总装

图 6-2 所示的落料模装配的步骤如下。

① 把凸凹模 13 压入凸凹模固定板 14，凸模 9 压入凸模固定板 8 中，并在平面磨床上将上下两面一同磨平。

② 将凸凹模 13 与凸凹模固定板 14 的组件放在下模座上，装配圆柱销并通过螺钉与下模座 23 紧固（如采用配作方式则需先用螺钉紧固后配钻、铰销钉孔，校正后用螺钉紧固，然后打入销钉定位）。

③ 将退料板 12 套在已装入固定板的凸凹模 13 上，在凸凹模固定板 14 与退料板 12 之间垫入适当高度的等高垫块，并用平行夹头将其夹紧。用退料板螺钉将退料板与下模座固

定。装配后要求卸料运动灵活，并保证在缓冲器作用下退料板处于最低的位置时，凸凹模的下端面应压在退料板 12 的孔内 0.3～0.5mm 左右。见图 6-8。

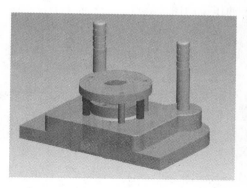

图 6-8　下模装配

图 6-9　上模装配

④ 将凸模固定板 8 中的凸模 9 插入凸凹模型孔中，上垫板 7 放在固定板上，用螺钉与上模座紧固，用透光法或其他方法调整好凸凹模之间的配合间隙，使间隙均匀，配打定位圆柱销孔、装配圆柱销；同样的方法，先将退料器 10 套在凸模上并将凹模 11 与凸模固定板、垫板、上模座的组件用螺钉装配，调整好与凸凹模的间隙均匀后，配打定位圆柱销孔、装配圆柱销。

⑤ 调整凸模、凹模的配合间隙。将装好的上模座部分套在导柱上，用锤子轻轻敲击凸模固定板的侧面，使凸模插入凹模的型孔；再将模具翻转，用透光调整法调整凸、凹模的配合间隙，使配合间隙均匀。见图 6-9。

调整凸、凹模之间的配合间隙的方法，除透光法外，还可以采用下列调整方法。

a. 测量法　此法是将凸模插入凹模型孔内，用塞尺检查凸、凹模不同部位的配合间隙，根据检查结果调整凸、凹模之间的相对位置，使其间隙均匀一致。此法适用于凸、凹模配合间隙（单边）在 0.02mm 以上的模具。

b. 垫片法　此法是根据凸、凹模配合间隙的大小，在凸、凹模的配合间隙内垫入厚度均匀的纸条或金属片，使凸、凹模配合间隙均匀。

c. 涂层法　在凸模上涂一层涂料（如磁漆或氨基醇酸绝缘漆等），其厚度等于凸、凹模的配合间隙（单边），再将凸模插入凹模型孔，获得均匀的冲裁间隙，此法简单，用于不能用垫片法（小间隙）进行调整的冲模很适用。

d. 镀铜法　与涂层法相似，在凸模的工作端镀一层厚度等于凸、凹模的配合间隙（单边）的铜层代替涂料层，使凸、凹模获得均匀的冲裁间隙。镀层厚度用电流及电镀时间来控制，厚度均匀，容易保证冲裁间隙均匀。镀层在模具使用过程中可以自行剥落而在装配后不必去除。此法工艺比较复杂，在平面与尖角部分易出现镀层不均匀现象。

6. 冲裁模的安装与试模

（1）冲裁模的安装步骤　冲裁模装配制造之后，要根据冲裁力的大小、闭合高度、工作台尺寸等条件，将它安装在合适的压力机上才能进行工作。冲模的安装过程如下。

① 安装冲裁模前，必须进一步熟悉冲压工艺和冲压模具图纸，检查所要安装的冲模和压力机是否完好。

② 准备好安装冲模所需要的紧固螺栓、螺母、压板、垫块、垫板及冲压模上的附件

（顶杆、打杆等）。

③ 测量冲模的闭合高度，并根据测量的尺寸调整压力机滑块的高度，使滑块在下止点时，滑块底面与压力机工作台面之间的距离略大于冲压模的闭合高度（若有垫板应为冲压模闭合高度与垫板之和）。

④ 冲模放入压力机之前，应清除黏附在冲模上下表面、压力机滑块底面与工作台面上的杂物，并擦洗干净。

⑤ 取下模柄锁紧块，将冲模推入，使模柄进入压力机滑块的模柄孔内，合上锁紧块。将压力机滑块停在下止点，并调整压力机滑块高度，使滑块与冲模顶面贴合。

⑥ 紧固锁模块，安装下模压板，但不要将螺栓拧得太紧，如模具有弹顶器时，应先安装弹顶器。

⑦ 调整压力机上的连杆，将滑块向上调 3～5mm，开动压力机使滑块停在上止点。擦净导柱导套部位加润滑油后，再点动压力机，当滑块上下运动 1～2 次后，使滑块停在下止点。靠导柱导套将上、下模具的位置导正后，将压板螺栓拧紧。

⑧ 开动压力机，并逐步调整滑块高度，先将上、下模之间放入纸片，使纸片刚好切断后再放入试冲材料，刚好冲下零件后，将可调连杆螺钉锁紧。

⑨ 若上模有顶杆（打料杆）时，要在压力机上装入打料横梁，并调整压力机的打料横梁限制螺钉，以打料横梁能通过打料杆打下上模内的冲压废料或冲压工件为度。

⑩ 模具在合适的压力机上进行试冲，通过试冲才可知道模具制作是否合格，如出现故障，则要从分析原因入手进行模具的调整或修理，直至模具工作正常冲出合格的冲压件为止。

（2）冲裁模的调试

① 将装配后的模具顺利地装在指定的压力机上。

② 用指定的坯料（或材料）稳定地在模具上制出合格的制品零件。

③ 检查成品零件的质量。若发现制品零件存有缺陷，应分析原因，设法对模具进行修整和调制，直到能生产出一批完全符合图纸要求的零件为止。常见的缺陷原因及调整方法见表 6-5。

表 6-5　冲裁模试冲时出现的缺陷、产生原因和调整方法

试冲的缺陷	产生原因	调整方法
送料不通畅或料被卡死	1. 两导料板之间的尺寸过小或有斜度 2. 凸模与卸料板之间的间隙过大，使搭边翻扭 3. 用侧刃定距的冲裁模导料板的工作面和侧刃不平行形成毛刺，使条料卡死 4. 侧刃与侧刃挡块不密合形成方毛刺，使条料卡死	1. 根据情况修整或重装卸料板 2. 根据情况采取措施减小凸模与卸料板的间隙 3. 重装导料板 4. 修整侧刃挡块消除间隙
卸料不正常退不下料	1. 由于装配不正确，卸料机构不能动作，如卸料板与凸模配合过紧，或因卸料板倾斜而卡紧 2. 弹簧或橡皮的弹力不足 3. 凹模和下模座的漏料孔没有对正，凹模孔有倒锥度造成工件堵塞，料不能排出 4. 顶出器过短或卸料板行程不够	1. 修整卸料板、顶板等零件 2. 更换弹簧或橡皮 3. 修整漏料孔，修整凹模 4. 顶出器的顶出部分加长或加深卸料螺钉沉孔的深度

续表

试冲的缺陷	产生原因	调整方法
凸、凹模的刃口相碰	1. 上模座、下模座、固定板、凹模、垫板等零件安装面不平行 2. 凸、凹模错位 3. 凸模、导柱等零件安装不垂直 4. 导柱与导套配合间隙过大，使导向不准 5. 卸料板的孔位不正确或歪斜，使冲孔凸模位移	1. 修整有关零件，重装上模或下模 2. 重新安装凸、凹模，使之对正 3. 重装凸模或导柱 4. 更换导柱或导套 5. 修理或更换卸料板
凸模折断	1. 冲裁时产生的侧向力未抵消 2. 卸料板倾斜	1. 在模具上设置靠块来抵消侧向力 2. 修整卸料板或使凸模加导向装置
凹模被胀裂	凹模孔有倒锥度现象（上口大下口小）	修磨凹模孔，消除倒锥现象
冲裁件的形状和尺寸不正确	凸模与凹模的刃口形状及尺寸不正确	先将凸模和凹模的形状及尺寸修准，然后调整冲模的间隙
落料外形和冲孔位置不正，成偏位现象	1. 挡料钉位置不正 2. 落料凸模上导正钉尺寸过小 3. 导料板和凹模送料中心线不平行，使孔位偏斜 4. 侧刃定距不准	1. 修正挡料钉 2. 更换导正钉 3. 修正导料板 4. 修磨或更换侧刃
冲压件不平	1. 落料凹模有上口大、下口小的倒锥，冲件从孔中通过时被压弯 2. 冲模结构不当，落料时没有压料装置 3. 在连续模中，导正钉与预冲孔配合过紧，将工件压出凹陷，或导正钉与挡料销之间的距离过小，导正钉使条料前移，被挡料销挡住	1. 修磨凹模孔，去除倒锥度现象 2. 加压料装置 3. 修小挡料销
冲裁件的毛刺过大	1. 刃口不锋利或淬火硬度低 2. 凸、凹模配合间隙过大或间隙不均匀	1. 修磨工作部分刃口 2. 重新调整凸、凹模间隙，使其均匀

④ 在试模时，应排除影响生产、安全、质量和操作等各种不利因素，使模具达到稳定、批量生产的目的。

⑤ 根据设计要求，进一步确定出某些模具需经试验后所决定的尺寸。并修整这些尺寸，直到符合要求为止。

⑥ 经试模后，为工艺部门提供编制模具成批生产制品的工艺规程依据。

7. 弯曲模的安装与试模

弯曲模的作用是使坯料在塑性变形后弯曲，由弯曲后材料产生的永久变形，获得所要求的形状。一般情况下，弯曲模的导套导柱的配合要求略低于冲裁模，但凸模与凹模工作部分的粗糙度比冲裁模要高（$Ra<0.63\mu m$），以提高模具受命和制件的表面质量。在弯曲工艺中，由于材料回弹的影响，常使弯曲件在模具中弯成的形状与取出后的形状不一致，从而影响制件的形状和尺寸要求。但影响回弹的因素较多，很难用设计计算来加以消除，因此在制造模具时，常按试模时的回弹值来修正凸模或凹模的形状。为了便于修整，弯曲模的凸模和凹模多在试模合格以后才进行热处理。另外，弯曲属于变形加工，有些弯曲件的毛坯尺寸要经过试验后才能最终确定。所以，弯曲模在进行试冲时，除了找出模具的缺陷加以修正和调整外，还有最后确定制件毛坯尺寸的目的。由于这一工作涉及材料的变形问题，所以弯曲模的调整工作要比一般冲裁模的调整复杂得多。表6-6是弯曲模在试冲时常出现的缺陷、产生原因及调整方法。

表 6-6　弯曲模试冲时出现的缺陷、产生原因和调整方法

试冲的缺陷	产生原因	调整方法
制件的弯曲角度不够	1. 凸、凹模的弯曲回弹角度制造过小 2. 凸模进入凹模的深度过浅 3. 凸、凹模之间的间隙过大 4. 校正弯曲的实际单位校正力太小	1. 修正凸、凹模,使弯曲模角度达到要求 2. 加深凹模深度,增大制件的有效变形区域 3. 按实际情况采取措施,减小凸、凹模配合间隙 4. 增大校正力或修正凸凹模形状,使校正力集中在变形部位
制件的弯曲位置不合要求	1. 定位板位置不正确 2. 弯曲件两侧受力不平衡使制件产生滑移 3. 压料力不足	1. 重新装定位板,保证其正确位置 2. 分析制件受力不平衡的原因并加以克服 3. 采取措施增大压料力
制件尺寸过长或不足	1. 间隙过小,将材料拉长 2. 压料装置的压料力过大使材料伸长 3. 设计计算错误或不正确	1. 根据实际情况修整凸、凹模,增大间隙值 2. 根据实际情况采取措施,减少压料装置的压料力 3. 落料尺寸在弯曲模试模后确定
制件表面擦伤	1. 凹模圆角半径过小,表面粗糙度不合要求 2. 润滑不良使板料附在凹模上 3. 凸、凹模之间的间隙不均匀	1. 增大凹模圆角半径,降低表面粗糙度数值 2. 合理润滑 3. 修正凸、凹模,使间隙均匀
制件弯曲部位产生裂痕	1. 板料的塑性差 2. 弯曲线与板料的纤维方向平行 3. 剪切断面的毛刺在弯曲的外侧	1. 将坯料退火后再弯曲 2. 改变落料排样,使弯曲线与板料纤维方向成一定角度 3. 使毛刺在弯曲的内侧,光亮带在外侧

8. 拉深模的安装与试模

拉深工艺是使金属板料（或空心板料）在模具的作用下产生塑性变形，变成开口的空心制件。和冲裁模相比，拉深模具具有以下特点：

① 冲裁模凸、凹模的工作端部有锋利的刃口，而拉深模凸、凹模的工作端部则要求有光滑的圆角；

② 通常拉深模工作零件的表面粗糙度（一般在 $Ra = 0.32 \sim 0.04\mu m$）要求比冲裁模要高；

③ 冲裁模所冲制的制件尺寸容易控制，如果模具制造正确，冲出的制件一般是合格的。而拉深模则不同，即使模具零件制造很精确，装配得也很好，但由于材料弹性变形的影响，拉深出的制件也不一定合格。因此，在模具试冲后常常要对模具进行修整加工。

拉深模试冲的目的有两个：

① 通过试冲发现模具的缺陷，找出原因并进行调整、修正；

② 最后确定制件拉深前的毛坯尺寸。

一般先按原来的工艺方案制作一个毛坯进行试冲，并测量出制件的尺寸偏差，根据偏差值确定是否对毛坯尺寸进行修改。如果试冲件不能满足原来的设计要求，应对毛坯进行修改，再进行试冲，直至冲出的制件符合产品的要求。

拉深模在试冲时常出现的缺陷、产生的原因及调整方法见表 6-7。

表 6-7　拉深模试冲时出现的缺陷、产生原因和调整方法

试冲的缺陷	产生原因	调整方法
制件拉深高度不够	毛坯尺寸小	放大毛坯尺寸
	拉深间隙过大	更换凸模与凹模,使间隙适当
	凸模圆角半径太小	加大凸模圆角半径
制件拉深高度太大	毛坯尺寸大	减小毛坯尺寸
	拉深间隙过小	整修凸模、凹模,加大间隙数值
	凸模圆角半径太大	减小凸模圆角半径
制件壁厚和高度不均	凸模与凹模间隙不均匀	重装凸模和凹模,使间隙均匀一致
	定位板或挡料销位置不正确	重新修整定位板及挡料销位置,使之正确
	凸模不垂直	修正凸模后重装
	压料力不匀	调整托杆长度或弹簧位置
	凹模的几何形状不正确	重新修整凹模
制件起皱	压边力太小或不均	增加压边力或调整顶杆件长度、弹簧位置
	凸、凹模间隙太大	减小拉深间隙
	凹模圆角半径太大	减小凹模圆角半径
	板料太薄或塑性差	更换材料
制件破裂或有裂纹	压料力太大	调整压料力
	压料力不够、起皱引起破裂	调整顶杆长度或弹簧位置
	毛坯尺寸太大或形状不当	调整毛坯尺寸或形状
	拉深间隙太小	加大拉深间隙
	凹模圆角半径太小	加大凹模圆角半径
	凹模圆角表面粗糙	休整凹模圆角降低表面粗糙度数值
	凸模圆角半径太小	加大凸模圆角半径
	冲压工艺不当	更改冲压工艺不当,增加工序或调换工序
	凸模与凹模不同心或不垂直	重装凸模、凹模
	板料质量不好	更换板料或增加退火工序,改善润滑条件
制件表面拉毛	拉深间隙太小或不均匀	修整拉深间隙
	凹模圆角表面粗糙度数值过大	修光凹模圆角
	模具或板料不清洁	清洁模具和板料
	凹模硬度太低,板料有黏附现象	提高凹模硬度进行镀铬及氮化处理
	润滑油质量太差	更换润滑油
制件底面不平	凸模或凹模(顶出器)无出气孔	钻出气孔
	顶出器在冲压的最终位置时顶力不足	调整冲模结构,使冲模达到闭合高度时,顶出器处于刚性接触状态
	材料本身存在弹性	改变凸模、凹模和压料形状

【实做练习】

如图 6-10 所示复合模,试做出该模具的装配工艺方案。

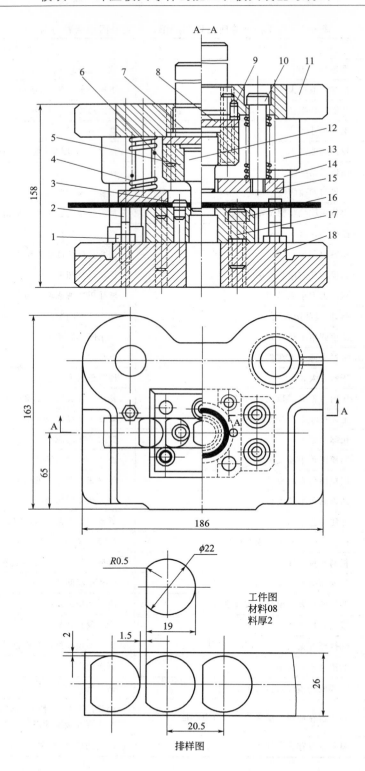

图 6-10　导柱式落料模

1—螺母；2—螺钉；3—挡料销；4—弹簧；5—凸模固定板；6—销钉；7—模柄；8—垫板；9—止动销；10—卸料螺钉；11—上模座；12—凸模；13—导套；14—导柱；15—卸料板；16—凹模；17—内六角螺钉；18—下模座

模块二 注射模具零件的加工、模具装配与调试

项目七 注塑模具的认知

【学习目标】

1. 掌握典型注射模具分类与结构特点。
2. 了解典型注射模具结构中各零部件的作用。

【相关知识】

一、注塑模具的结构类型

注射模的结构形式多种多样，分类方法很多，按成型工艺特点可分为热塑性塑料注射模、热固性塑料注射模、低发泡塑料注射模和精密注射模；按使用注射机的类型可分为卧式注射机用注塑模、立式注射机用注塑模和角式注射机用注塑模；按模具浇注系统可分为冷流道注塑模、绝热流道注塑模、热流道注塑模和温流道注塑模；按模具安装方式分为移动式注塑模和固定式注塑模等。若根据注塑模结构特征可分为以下几种：

① 单分型面注塑模；

② 双分型面注塑模；

③ 带有侧向分型与抽芯结构的注塑模；

④ 带有活动成型零部件的注塑模；

⑤ 自动卸螺纹注塑模；

⑥ 无流道注塑模；

⑦ 直角式注塑模；

⑧ 脱模结构在定模上的注塑模。

无论各种注射模结构之间差异多大，但在基本结构组成方面却有许多共同的特点，可以将模具组成零件分为两大类，即成形零件和结构零件。

图 7-1 所示为轻工校园卡注塑模具及制件图。

(1) 成形零件　与塑料制品接触，并构成模腔的那些零件，它们决定着塑料制品的几何形状和尺寸，如凸模（型芯）决定制件的内形，而凹模（型腔）决定制件的外形。本模具中的成形零件为动模镶件和定模镶件。

(2) 结构零件　除成形零件以外的模具零件都为结构零件。这些零件具有支承、导向、排气、顶出制品、侧向抽芯、侧向分型、温度调节、引导塑料熔体向模腔流动等功能。

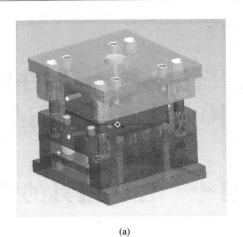

(a)

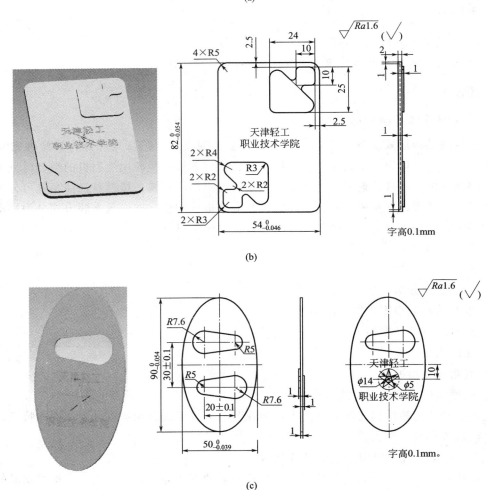

(b)

(c)

图 7-1 轻工校园卡制件图 （一模两种零件）

二、模架的结构及在注射模具中的作用

模架是用来安装或支承成形零件和其他结构零件的基础，同时还要保证定、动模上有关零件的准确对合（如本模具中的定模镶件和动模镶件），并避免模具零件间的干涉，因此模

架组合后其安装基准面应保持平行，其平行度公差等级见表 7-1，导柱、导套和复位杆等零件装配后要运动灵活、无阻滞现象。模具主要分型面闭合时的贴合间隙值应符合下列要求：

Ⅰ级精度模架　　　　　为 0.02mm

Ⅱ级精度模架　　　　　为 0.03mm

Ⅲ级精度模架　　　　　为 0.04mm

表 7-1　中小型模架分级指标

序号	检 查 项 目	主参数/mm		精度分级		
				Ⅰ	Ⅱ	Ⅲ
				公差等级		
1	定模座板的上平面对动模座板的下平面的平行度	周界	≤400	5	6	7
			400~900	6	7	8
2	模板导柱孔的垂直度	厚度	≤200	4	5	6

　　有关注射模模架组合后的详细技术要求，可参阅 GB/T 12555—90（大型注射模模架）、GB/T 12556—90（中小型注射模模架）。

项目八　模架零件的加工

【学习目标】

① 掌握零件的工艺性分析。

② 掌握零件加工中基准的选择。

③ 掌握零件切削加工中应遵循的基本原则。

④ 掌握热处理工序的安排。

⑤ 了解组成模架各个零件的典型结构。

⑥ 了解各零件之间的配合关系。

【职业技能】

① 了解零件的结构及技术要求对加工的影响。

② 能根据零件工艺性分析的结果正确选取加工方法。

③ 具有编制模架零件的加工工艺的能力。

　　模架通常为标准件，一般模具厂通过订购标准模架经补充加工后与其他模具零件装配成注射模。

　　根据零件结构和制造工艺，图8-1所示为轻工校园卡注塑模的基本组成。其中注射模架

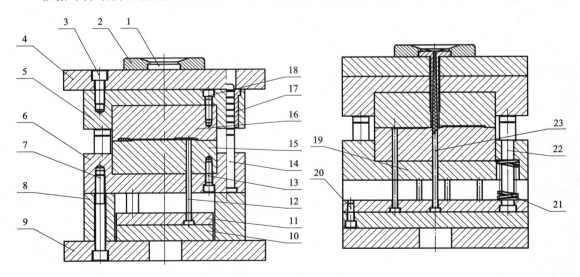

图 8-1　轻工校园卡注射模图

1—浇口套；2—定位圈；3—螺钉；4—定模座板；5—定模板；6—动模板；7—螺栓；
8—垫块；9—动模座板；10—推板复板；11—推板；12—顶杆；13—螺栓；
14—导柱；15—动模镶件；16—定模镶件；17—导套；18—螺栓；
19—顶杆；20—螺栓；21—弹簧；22—复位杆；23—拉料杆

［图中带括号的］由两种零件组成：导柱、导套等回转零件和模板等盘套类零件。

其中导柱、导套这两种零件在模具中起导向作用，并保证型芯与型腔（本模具中的动模镶件和定模镶件）在工作时具有正确的相对位置。为了保证良好的导向，导柱、导套装配后应保证模架的活动部分运动平稳，无滞阻现象。所以，在加工中除了保证导柱、导套配合表面的尺寸和形状精度外，还应保证导柱、导套各自配合面之间的同轴度等要求。

任务一　导柱零件的加工

【任务描述】

导柱零件的加工见图 8-2。

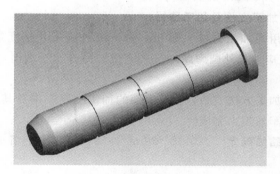

(a) 导柱零件三维图

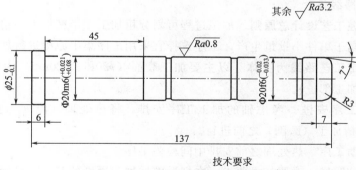

(b) 导柱零件二维图

技术要求
1.热处理：50～55HRC
2.未注形状公差应符合国家标准的要求
3.锐角倒钝
4.材料T10A

图 8-2　导柱

（1）零件材料　T10A 钢，退火状态时切削加工性良好，在淬火前无特殊加工问题，故加工中不需采取特殊加工工艺措施；刀具材料选择范围较大，高速钢或 YT 硬质合金均可达到要求，刀具几何参数可根据不同刀具类型通过相关表格查取。

（2）零件组成表面　外圆表面 $\phi20f6$、$\phi20m6$、端面、台阶面、油槽、退刀槽等。

(3) 零件主要表面 $\phi20f6$ 外圆表面与导套间隙配合；$\phi20m6$ 外圆表面与动模板过渡配合；$\phi25_{-0.1}^{\ 0}$ 外圆与动模板装配后其端面与动模板同时磨平。

(4) 主要技术要求分析 导柱零件图中 $\phi20f6$、$\phi20m6$ 两外圆尺寸精度要求为 IT6，表面粗糙度要求 $Ra0.8\mu m$，它们是本零件中加工精度要求最高的部位；另外图中 $\phi20f6$ 和 $\phi20m6$ 两外圆要保证同轴度，加工时需一次装夹完成加工；热处理：淬火＋低温回火，硬度为 $50\sim55HRC$。

零件总体特点：零件属典型轴类结构件。

【任务实施】 零件制造工艺设计

1. 毛坯选择

按零件结构及使用的要求选择棒料即可，根据市场材料的规格标准，比较接近并能满足加工余量要求的材料为 $\phi30mm$ 的圆棒料。

2. 零件各表面终加工方法及加工路线

(1) 主要表面采用的加工方法 $\phi20f6$、$\phi20m6$ 外圆尺寸精度要求 IT6，表面粗糙度要求 $Ra0.8\mu m$，终加工应选择外圆磨床加工来完成。另外 $\phi25$ 端面与动模板装配后，同时磨削加工来完成。

(2) 其他表面终加工方法 结合主要表面的加工工序安排及其他表面加工精度的要求，其余回转面采用半精车加工来完成。

(3) 各表面加工路线确定 $\phi20f6$、$\phi20m6$ 外圆：粗车—半精车—热处理（淬火＋低温回火）—磨削；

其余加工部位：粗车—半精车。

3. 零件加工路线设计

(1) 注意把握工艺设计总原则 加工过程可划分粗加工、半精加工、精加工（磨削）三个阶段。本零件属于单件小批量生产，工序选择宜采用工序集中原则进行加工。

(2) 以机加工工艺路线为主体 以主要加工表面（$\phi20f6$、$\phi20m6$）为主线，穿插次要加工表面（其余加工部位）。

(3) 热处理工序安排 考虑轴的加工工序安排，将热处理（淬火＋低温回火，$50\sim55HRC$）安排在精加工（磨削）之前进行。

(4) 安排辅助工序 热处理之前安排中间检验工序。

(5) 调整工艺路线 对照技术要求，在把握整体加工原则的基础上可做适当调整。

4. 选择设备、工装

(1) 选择设备 车削采用卧式车床，磨削采用外圆磨床。

(2) 工装选择 零件粗加工、半精加工采用一顶一夹安装，精加工采用对顶安装。夹具主要有三爪卡盘、顶尖等。刀具有外圆车刀、切槽刀、中心钻、硬质合金顶尖、砂轮等。量具选用外径千分尺、游标卡尺等。

5. 工序尺寸确定

本零件加工中，工序尺寸的确定全部采用工艺基准与设计基准重合（基准重合原则）时工序尺寸及其公差的计算方法。求解原则为从后往前推，依次弥补外表面加余量获得，并按经济精度给出公差。

根据该零件的尺寸精度、几何精度及表面粗糙度等精度要求确定以下加工工艺路线（参考）。

工序号	工序名称	工序内容的要求	加工设备	工艺装备
1	备料	截取 $\phi30\times145$ 料，材质 T10A、退火状态（否则需退火）圆钢		
2	车削	车端面、钻中心孔（基准）、掉头车另一端面、钻中心孔（基准），保证长度尺寸 137mm。用三爪和中心孔定位车外圆各部位，$\phi20$ 外圆柱面留磨量 0.4～0.6mm，其余部位加工至尺寸	卧式车床	三爪、中心钻、外圆车刀等
3	检验	按工序过程尺寸要求进行检查		
4	热处理	淬火＋低温回火，硬度 50～55HRC		
5	检验	检验硬度要求		
6	研中心孔	研修两端中心孔（基准）	卧式车床	砂轮等
7	外圆磨削加工	磨 $\phi20f6$、$\phi20m6$ 外圆柱表面达设计要求（两端中心孔定位）	外圆磨床	砂轮等
8	平面磨削	导柱与动模板装配后同时磨削	平面磨床	砂轮等
9	检验	按照图纸要求检验		千分尺、卡尺

任务二　导套类零件的加工

【任务描述】

导套类零件的加工（图 8-3）。

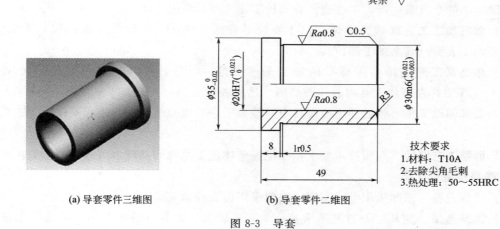

其余 $\sqrt{Ra3.2}$

技术要求
1. 材料：T10A
2. 去除尖角毛刺
3. 热处理：50～55HRC

(a) 导套零件三维图　　　　(b) 导套零件二维图

图 8-3　导套

（一）零件工艺性分析

（1）零件材料　T10A 钢，退火状态时切削加工性良好，在淬火前无特殊加工问题，故加工中不需采取特殊工艺措施。刀具材料选择范围较大，高速钢或 YT 硬质合金均可达到要求。刀具几何参数可根据不同刀具类型通过相关表格查取。

(2) 零件组成表面 外圆表面 $\phi30m6$、$\phi35$；孔 $\phi20H7$；端面、退刀槽及 $R3$ 圆角等。

(3) 零件主要表面 $\phi20H7$ 内圆表面与导柱间隙配合；$\phi30m6$ 外圆表面与定模板过渡配合，内、外圆柱表面要求同轴度。

(4) 主要技术要求分析 $\phi20H7$ 孔尺寸精度要求 IT7，表面粗糙度要求 $Ra0.8\mu m$；$\phi30m6$ 外圆尺寸精度要求 IT6，表面粗糙度要求 $Ra0.8\mu m$。以上是零件中加工精度要求最高的两个部位，也是主要配合表面，内圆 $\phi20H7$ 与外圆 $\phi30m6$ 保持同轴度关系，加工时采用互为基准原则加工完成。热处理为淬火＋低温回火：硬度 50～55HRC。

零件总体特点：零件属典型盘套类结构件。

（二）零件制造工艺设计

1. 毛坯选择

按零件结构及使用的要求选择棒料即可。根据市场材料的规格标准，比较接近并能满足加工余量要求的材料为 $\phi40mm$ 圆棒料。

2. 零件各表面终加工方法及加工路线

(1) 主要表面采用的终加工方法 $\phi25H7$ 孔尺寸精度要求 IT7，表面粗糙度要求 $Ra0.8\mu m$，终加工应选择内圆磨床来完成；$\phi35m6$ 外圆尺寸精度要求 IT6，表面粗糙度要求 $Ra0.8\mu m$，终加工应选择外圆磨床来完成。在加工时应保证内、外圆柱表面的同轴度要求。内、外圆加工采用互为基准原则，加工外圆时采用芯轴来保证其同轴度。

(2) 其他表面终加工方法 结合主要表面的加工工序安排及其他表面加工精度的要求，其余回转面采用半精车加工即可满足精度要求。

(3) 各表面加工路线确定 $\phi20H7$ 内圆和 $\phi30m6$ 外圆：粗车—半精车—热处理—内、外圆磨削；其余各面：粗车—半精车。

3. 零件加工路线设计

(1) 注意把握工艺设计总原则 加工过程可划分粗加工、半精加工、精加工三个阶段。本零件属于单件小批量生产，工序选择宜采用工序集中原则进行加工。

(2) 以机加工工艺路线为主体 以主要加工表面（$\phi20H7$ 孔和 $\phi30m6$ 外圆）为主线，穿插次要加工表面（其余加工部位）。

(3) 热处理工序安排 考虑套的加工工序安排，将热处理（淬火＋低温回火 50～55HRC）工序安排在精加工（内、外圆磨削）之前进行。

(4) 安排辅助工序 热处理之前安排中间检验工序，检验前、车削后应安排钳工去毛刺工序。

(5) 调整工艺路线 对照技术要求，在把握整体加工原则的基础上可做适当调整。

4. 选择设备、工装

(1) 选择设备 车削采用卧式车床，磨削采用内、外圆磨床。

(2) 工装选择 夹具主要有三爪卡盘、工艺芯轴等。刀具有外圆车刀、钻头、车床镗刀、外圆磨砂轮、内圆磨头等。量具选用外径千分尺、内径千分尺、游标卡尺等。

5. 工序尺寸确定

本零件加工中，工序尺寸的确定全部采用工艺基准与设计基准重合时工序尺寸及其公差的计算方法。求解原则为从后往前推，依次弥补（外表面加，内表面减）余量获得，并按经济精度给出公差。

　　根据该零件的尺寸精度、几何精度及表面粗糙度等精度要求，确定表 8-2 加工工艺路线（参考）。

工序号	工序名称	工序内容的要求	加工设备	工艺装备
1	备料	截取 $\phi40\times60$ 料一段，T10A 退火状态（否则需退火）圆钢		
2	车削	车端面、外圆柱表面 $\phi30\times41$，留外圆磨量 $0.4\sim0.6$mm，退刀槽至尺寸，倒角 $R3$ 至尺寸；内孔 $\phi20$ 留磨量 $0.4\sim0.6$mm 掉头车另一端面及 $\phi35$ 外圆柱表面至尺寸、尺寸 49 加工至尺寸、尺寸 8 留后序，同时磨削加工余量	卧式车床	三爪卡盘、外圆车刀、切槽刀、90°偏刀、内孔 $\phi20$ 钻-扩用钻头等
3	检验	按工序过程尺寸要求进行检查		
4	热处理	淬火＋低温回火：硬度 $50\sim55$HRC		
5	检验	检验硬度		
6	磨削加工	万能磨床磨内孔 $\phi20$H7 至尺寸，保证尺寸公差及表面粗糙度达设计要求 万能磨床磨外圆 $\phi30$km6 至尺寸，保证尺寸公差及表面粗糙度达设计要求	万能磨床（或内圆磨床＋外磨床）	三爪卡盘、心轴、砂轮等
7	研磨	研磨 $\phi20$H7 内圆柱表面配合及孔口圆弧达设计要求		研磨用工具、研磨膏等
8	检验	按照图纸要求		

任务三　定模座板的加工

【任务描述】

　　（一）定模座板的作用、使用要求及加工特点

　　定模座板的作用是使定模固定在注塑机固定工作台面的板件。定模座板、定模板及支承零件（垫板、支承板等）都属盘套类零件，在制造过程中主要进行平面和孔系的加工。根据模架的技术要求，在加工过程中要特别注意保证模板平面的平面度和平行度要求；导柱、导套安装孔的位置精度以及导柱、导套安装孔与各板平面的垂直度要求。在平面加工过程中要特别注意防止弯曲变形。在粗加工后若平板有弯曲变形，在磨削加工时电磁吸盘会把这种变形矫正过来，磨削后加工表面的形状误差并不会得到矫正，为此，应在电磁吸盘未接通电流的情况下，用适当厚度的垫片，垫入平板与电磁吸盘间的间隙中，再进行磨削。上、下两面用同样方法交替进行磨削，通常可获得 $0.02/300\text{mm}^2$ 以下的平面度要求。若需要精度更高的平面，应采用精磨的方法加工。

　　为了保证各种盘类零件上的导柱、导套等安装孔的位置精度，根据实际加工条件，可采用坐标镗床、双轴坐标镗床或数控坐标镗床、数控坐标磨床进行加工。若无上述设备且精度要求较低的情况下，也可在卧式镗床或铣床上将各种平板重叠在一起一次装夹，同时镗出相应的导柱和导套等的安装孔。

　　在对定模板（或动模板）进行镗孔加工时，应在定模板（或动模板）平面精加工后，以大平面及两相邻侧面作定位基准，将定模板（或动模板）放置在工作台的等高垫铁上（各等高垫铁的高度应严格保持一致）。对于精密定模板（或动模板），等高垫铁的高度差应小于

$3\mu m$。工作台和垫铁应用净布擦拭，彻底清除切屑粉末。定模板（或动模板）的定位面应用细油布打磨，以去掉模板在搬运过程中产生的划痕。在使定模板（或动模板）上、下面大致达到平行后，轻轻夹住。然后以长度方向的前、侧面为基准，用千分表找正后将其压紧，最后将工作台再移动一次，进行检验并加以确认。定模板（或动模板）用螺栓加垫圈紧固，压板着力点不应偏离等高垫铁中心，以免模板产生变形。如图 8-4 所示。

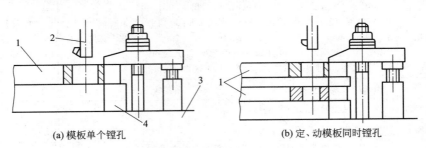

(a) 模板单个镗孔　　　　　　　　　(b) 定、动模板同时镗孔

图 8-4　模板的装夹

1—模板；2—镗杆；3—工作台；4—等高垫铁

对于有斜销的侧抽芯式注射模（本模具无侧抽芯），模板上的斜销安装孔，根据实际加工条件，可将模板装夹在坐标镗床的万能转台上进行镗削加工，或者将模板装夹在卧式镗床的工作台上，将工作台偏转一定的角度进行加工。

定模座板见图 8-5。

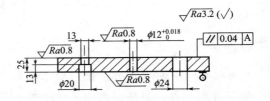

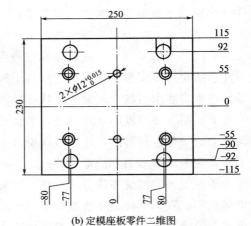

(a) 定模座板零件三维图　　　　　　　　　(b) 定模座板零件二维图

技术要求
1. 经调质处理，28～32HRC。
2. 未注形状公差应府合GB1184-80的要求。
3. 锐角倒钝、去除尖角毛刺。
4. 材料45#。

图 8-5　定模座板

（二）零件工艺性分析

（1）零件材料　45 调质钢，调质后硬度不高，其切削加工性能良好，无特殊加工要求，加工中不需采取特殊的加工工艺措施；刀具材料选择 YT 硬质合金刀具可达到加工要求。刀具几何参数可根据不同刀具类型通过相关表格查取。

（2）零件中需加工表面结构组成　上、下平面；各种圆孔；阶梯孔等。

（3）零件中需加工主要表面　ϕ12H7 与浇口套过渡配合；上、下平面等。

（4）主要技术要求分析　ϕ12H7 孔尺寸精度要求 IT7、表面粗糙度要求 $Ra0.8\mu m$，它们是零件中加工精度较高的部位也是配合要求较高的部位。对加工精度要求较高的部位需采用磨削加工来完成，本零件虽有热处理调质要求 28～32HRC，但硬度较低对加工方法的选择无影响。

【任务实施】　零件制造工艺设计

1. 毛坯选择

按零件使用要求选择板材作为毛坯料。

2. 零件各表面终加工方法及加工路线

（1）主要表面采用的终加工方法　ϕ12H7 孔尺寸精度要求 IT7，表面粗糙度要求 $Ra0.8\mu m$，应选择精铰来完成；ϕ24 孔应选择铰（或铣削）来完成；上、下平面根据零件在装配中起到的作用需进行精加工，选择用磨削来完成。

（2）其他表面终加工方法　结合主要表面的加工工序安排及其他表面加工精度的要求，其余部位的加工选择铣削、钻削等加工来完成。

（3）各表面加工路线确定　ϕ12H7 孔：钻—扩—精铰；ϕ24 孔：钻—扩—铰（或铣削）；上、下平面：铣削—磨削；其余部位的加工选择铣削加工来完成。

3. 零件加工路线设计

注意把握工艺设计总原则，加工阶段可划分粗加工、半精加工、精加工 3 个阶段；本零件属于单件小批量生产工序，宜采用工序集中原则进行加工。

以机加工工艺路线为主体。以主要加工表面（ϕ12H7、ϕ24 孔；上、下平面等）为主线，穿插次要加工表面（其余加工部位）。

（1）安排辅助工序　各工序之间安排中间检验工序，铣削、钻削后钳工去毛刺。

（2）调整工艺路线　对照技术要求，在把握整体加工原则的基础上可作适当调整。

4. 选择设备、工装

（1）选择设备　粗铣、半精铣铣平面采用普通立式铣床，通孔及阶梯孔的加工采用数控铣铣床、上下平面精加工采用平面磨床加工等。

（2）工装选择　压板、垫块、平口钳等。刀具有麻花钻、铰刀、平面铣刀、棒铣刀、砂轮等。量具选用内径千分尺，卡尺等。

5. 工序尺寸确定

本零件加工中，工序尺寸的确定全部采用工艺基准与设计基准重合时工序尺寸及其公差的计算方法。求解原则为从后往前推，依次弥补（外表面加，内表面减）余量获得，并按经济精度给出公差。

根据该零件的尺寸精度、几何精度及表面粗糙度等精度要求，确定表 8-2 加工工艺路线（参考）。

工序	工序名称	工序内容的要求	加工设备	工艺装备
1	备料	备 45 钢：240mm×260mm×35mm		
2	热处理	调质处理：28～32HRC		
3	铣削	粗铣、精铣六面到 230.6mm×250.6mm×25.6mm（留 0.6 后序加工余量）	平面铣床	平面铣刀、平口虎钳等
4	磨削	磨六面 240mm×260mm×25mm	平面磨床	砂轮等
5	数控铣	中心钻做引导孔，按图要求钻 ϕ12H7、4-ϕ24、4-ϕ20、4-ϕ13 底孔；钻扩阶梯孔 2-ϕ20、4-ϕ24 孔、4-ϕ13；扩、精铰 ϕ12H7 孔	数控铣床	平口虎钳、各种钻头、ϕ12H7 铰刀等
6	钳工	去除尖角毛刺		
7	检验	按图纸要求检验		

任务四　动模板的加工

【任务描述】

（一）动模板的作用、使用要求及加工特点

动模板是固定凸模或型芯、导柱、导套等零件。为了承受较大的开模力，动模板要有足够的强度和刚度；为了保证装配于其上的型芯等零件的稳固，动模板还要有一定的厚度。在制造过程中主要进行平面和孔系的加工。

动模板见图 8-6。

（二）零件工艺性分析

(1) 零件材料 45 钢调质，调质后其切削加工性能良好，无特殊加工要求，加工中不需采取特殊的加工工艺措施。刀具材料选择 YT 硬质合金刀具可达到加工要求。刀具几何参数可根据不同刀具类型通过相关表格查取。

(2) 零件中需加工表面结构组成 上、下平面、各种圆孔、阶梯孔等。

(3) 零件中加工主要表面 4-ϕ20H7 孔与导柱过渡配合、4-ϕ15H7 孔与复位杆间隙配合、130H8×150H8 长方孔与动模镶件间隙配合、上、下平面等。

(4) 主要技术要求分析 4-ϕ20H7 和 4-ϕ15H7 孔尺寸精度要求 IT7、表面粗糙度要求 $Ra0.8\mu m$；130H8×150H8 长方孔尺寸精度要求 IT8、表面粗糙度要求 $Ra0.8\mu m$，4-ϕ20H7 孔与孔之间有位置精度要求。以上是零件加工中尺寸精度、表面粗糙度及位置精度要求较高的部位。因此在加工中对于精度要求较高的部位需采用数控铣（或加工中心）加工来完成。本零件虽有调质处理要求 28～32HRC，但硬度较低对加工方法的选择无影响。

【任务实施】、零件制造工艺设计

1. 毛坯选择

按零件使用及加工工艺要求选择 45 钢板材作为毛坯料。

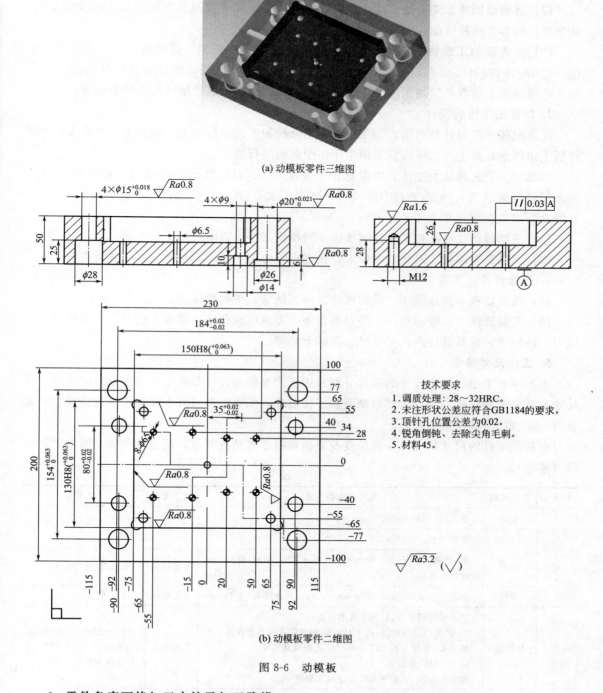

(a) 动模板零件三维图

(b) 动模板零件二维图

图 8-6　动模板

技术要求
1. 调质处理：28～32HRC。
2. 未注形状公差应符合GB1184的要求。
3. 顶针孔位置公差为0.02。
4. 锐角倒钝、去除尖角毛刺。
5. 材料45。

2. 零件各表面终加工方法及加工路线

（1）主要表面采用的终加工方法　130H8×150H8 长方孔尺寸精度要求 IT8、表面粗糙度要求 $Ra0.8\mu m$，以及型腔底面应选择高速铣削加工完成；

4-ϕ20H7 和 4-ϕ15H7 孔表面粗糙度要求 $Ra0.8\mu m$、位置精度要求较高，应在数控铣上用钻—扩—铰来完成。

下平面根据零件在装配中起到的作用需进行精加工，因此选择用平面磨削加工完成。

(2) 其他表面终加工方法 结合主要表面的加工工序安排及其他表面加工精度的要求，其余部位的加工选择铣削、钻削加工来完成。

(3) 各表面加工路线确定 130H8×150H8 长方孔：铣削—高速铣；上、下平面：铣削—磨削；4-ϕ20H7、4-ϕ15H7：钻—扩—精铰；螺纹：钻底孔—攻丝完成；其余部位的平面及凹槽的加工选择铣削加工来完成；其余部位的孔的加工选择钻—扩—铰来完成。

3. 零件加工路线设计

注意把握工艺设计总原则，加工阶段可划分粗加工、半精加工、精加工 3 个阶段；本零件属于单件小批量生产工序，宜采用工序集中原则进行加工。

以机加工工艺路线为主体。以主要加工表面（4-ϕ20H7、4-ϕ15H7 孔尺寸精度要求 IT7. 表面粗糙度要求 $Ra0.8\mu m$、130H8×150H8 长方孔、上、下平面、型腔底面等）为主线，穿插次要加工表面（其余加工部位）。

(1) 安排辅助工序 各工序之间安排中间检验工序，铣削后钳工去毛刺。

(2) 调整工艺路线 对照技术要求，在把握整体加工原则的基础上可作适当调整。

4. 选择设备、工装

(1) 选择设备 普通铣床、数控铣床、高速铣床，平面磨床等。

(2) 工装选择 压板、垫块、平口虎钳等。刀具有麻花钻、丝锥、铰刀、平面铣刀、棒铣刀、砂轮等。量具选用内径千分尺、游标卡尺等。

5. 工序尺寸确定

本零件加工中，工序尺寸的确定分别采用工艺基准与设计基准重合与不重合时两种工序尺寸及其公差的计算方法。求解原则为从后往前推，依次弥补（外表面加，内表面减）余量获得，并按经济精度给出公差。

根据该零件的尺寸精度、几何精度及表面粗糙度等精度要求，确定如表 8-4 加工工艺路线（参考）。

工序号	工序名称	工序内容的要求	加工设备	工艺装备
1	备料	备 45 钢：240mm×210mm×60mm		
2	热处理	调质处理：28～32HRC		
3	铣削	粗、精铣六面至 240.6mm×210.6mm×50.6mm，留 0.6mm 后序加工余量	平面铣床	面铣刀、平口虎钳
4	磨削	磨削六面至 240mm×210mm×50mm，垂直度 0.02/100mm	平面磨床	砂轮等
5	数控铣	中心钻钻引导孔：钻出各孔的位置 钻—扩孔：孔 4-ϕ19.8，孔 4-ϕ14.8. 螺纹底孔及其他各孔 精铰孔：精铰 4-ϕ20H7、4-ϕ15H7 孔精铰到尺寸 攻丝：M12 螺纹孔 型腔粗加工、半精加工留后序加工余量	数控铣床	平口虎钳、中心钻、钻头、ϕ15H7 和 ϕ20H7 铰刀、棒铣刀等
6	高速铣	型腔 130H8×150H8 长方孔加工至尺寸并保证尺寸精度、表面粗糙度要求	高速铣床	平口虎钳、铣刀等
7	钳工	修整、研磨保证精度及配合要求		研磨工具及研磨膏等
8	检验	按照图纸检验		

【实做练习】

如图 8-7 所示定模板，试做出该件的加工工艺方案。

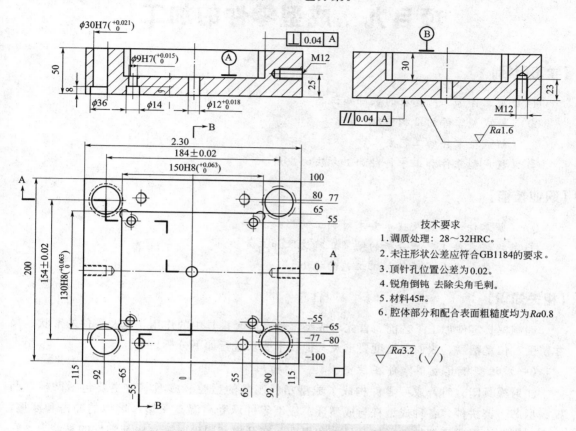

技术要求

1. 调质处理：28～32HRC。

2. 未注形状公差应符合GB1184的要求。

3. 顶针孔位置公差为0.02。

4. 锐角倒钝　去除尖角毛刺。

5. 材料45#。

6. 腔体部分和配合表面粗糙度均为$Ra0.8$

$\sqrt{Ra3.2}$ $(\sqrt{\ })$

图 8-7　定模板零件图

项目九　成型零件的加工

【学习目标】

① 成型零件加工所具有的基础知识。

② 了解成型零件的结构特征。

③ 了解成型零件的工艺要求。

④ 掌握成型零件加工中特种加工方法的应用。

【职业技能】

① 了解零件的结构及技术要求对加工的影响。

② 能根据零件工艺性分析的结果正确选取加工方法。

③ 具有编制成型零件的加工工艺的能力。

【相关知识】

编制模具零件加工工艺前，首先对成型零件在整套模具中的作用，以及零件的形状、尺寸精度、位置精度、表面粗糙度要求及其他技术要求进行如下分析。

（一）注塑模具成型零件在注塑模中的功用

注射模具闭合时，成型零件构成了成型塑料制品的型腔。成型零件主要包括凹模、凸模、型芯、镶拼件、各种成型杆与成型环。成型零件承受高温高压塑料熔体的冲击和摩擦，在冷却固化中形成了塑件的形体、尺寸和表面。在开模和脱模时需克服与塑件的黏着力，在上万次、甚至几十万次的注射周期，成型零件的形状和尺寸精度、表面质量及其稳定性，决定了塑料制品的相对质量。成型零件在充模保压阶段承受很高的型腔压力，作为高压容器，它的强度和刚度必须在允许值之内。成型零件的结构、材料和热处理的选择及加工工艺性，是影响模具工作寿命的主要因素。

成型零件的结构设计，是以成型符合质量要求的塑料制品为前提，但必须考虑金属零件的加工性及模具制造成本。成型零件成本高于模架的价格，随着型腔的复杂程度、精度等级和寿命要求的提高而增加。

（二）结构特点、尺寸精度、表面粗糙度、位置精度等

成型零件结构依据制品的使用特点来确定，其尺寸精度通常要求并不是很高，而表面粗糙度（表面质量）要求相对来说都比较高，因此就决定了成型零件加工时其加工方法的选择主要是以提高表面粗糙度为主要原则。位置精度只是对凸模（型芯）、凹模（型腔）之间的相对位置要求较高。当制品是一些典型简单结构时，如圆形、方形、多边形等，其加工采用车、数控铣、磨削等即可满足加工精度要求；但当制品是一些非圆形复杂截面的结构时，其加工常采用电火花（盲孔）及线切割（通孔）方法。在加工中常根据其截面形状的复杂程度采用分开加工、配合加工两种形式。

（三）加工方法分析

型芯、型腔工作型面分为回转型面和非回转型面两种。回转型面可利用车床、内圆磨床、坐标磨床加工，工艺过程较为简单，塑模中回转型面加工与冲模中的回转型面加工基本相同，在本节学习过程中就不进行讲解了。塑模中非回转型面的加工需要专门的加工设备或进行大量的钳工操作，在型腔加工时普遍采用的方法是数控铣、电火花加工等。如果加工精度要求较高的，再由钳工进行表面研磨、抛光处理等。通常型芯、型腔加工中采用的加工方法有以下几种。

1. 车削加工

车削加工的加工范围　回转曲面的型腔或型腔的回转曲面部分。

一般对于小而精密的型面，采用成型车刀加工，而多数情况下，使用通用刀具靠双手控制纵、横移动的手柄加工出所需的工作型面，用样板检验。该法工作量大，生产效率低。对于有数控车床也可用数控车床加工，其加工精度、生产效率都可大大提高。

2. 铣削加工

铣床种类很多，加工范围较广，在模具加工中运用较多的是立式铣床、万能工具铣床、仿形铣床和数控铣床等。

用普通铣床加工型腔时，使用最广的是立式铣床和万能工具铣床。它非常适合于加工平面结构的型腔（图9-1）。加工的表面粗糙度数值一般 $\geqslant Ra1.6\mu m$，加工精度取决于操作者的技术水平。

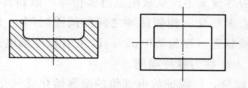

图 9-1　平面结构的型腔

为了能加工出某些特殊的形状部位，必须准备各种不同形状和尺寸的铣刀。在无适合的铣刀可选时，适合于不同用途的为单刃指形铣刀，这种铣刀制造方便，较短的时间制造出来，可及时满足加工的需要。

普通铣床加工型腔，劳动强度大，加工精度低，对操作者的技术水平要求高。随着数控铣床、数控仿形铣床、加工中心等设备的采用日趋广泛，过去用普通铣床加工的模具工作零件，大多要向加工中心等现代加工设备转移。

铣刀的形状应根据加工型腔的形状选择，加工平面轮廓的型腔可用端头为平面的立铣刀，如图9-2(a)所示。加工立体曲面的型腔，采用锥型立铣刀或端部为球形的立铣刀，如图9-2(b)，(c)所示。

仿形销的形状应与靠模的形状相适应，和铣刀的选择一样，为了保证仿形精度，仿形销的倾斜角应小于靠模型槽的最小斜角，仿形销端头的圆弧半径应小于靠模凹入部分的最小圆角半径，否则将带来加工误差。

3. 电火花加工

(1) 电火花加工的原理和特点

① 电火花加工原理　在液体介质内进行重复性脉冲放电，能对导电材料进行加工。要

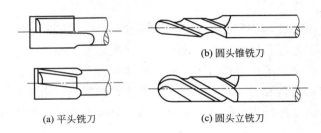

(b) 圆头锥铣刀

(a) 平头铣刀   (c) 圆头立铣刀

图 9-2 铣刀

使脉冲放电能够用于零件加工，应具备下列基本条件：

a. 必须使接在不同极性上的工具和工件之间保持一定的距离以形成放电间隙；

b. 放电必须在具有一定绝缘性能的液体介质中进行。液体介质还能够将电蚀产物从放电间隙中排除出去，并对电极表面进行较好的冷却。

用于液体介质的材料如下。

- 煤油：目前被大多数电火花机床采用作工作液进行穿孔和型腔加工。

- 煤油与机油混合液：在大功率工作条件下（如大型复杂型腔模的加工），为了避免煤油着火，采用燃点较高的机油或煤油与机油混合等作为工作液。

- 水基工作液：用于粗加工，可使粗加工效率大幅度提高。

c. 脉冲波形基本是单向的，如图 9-3 所示。放电延续时间 t_i 称为脉冲宽度，t_i 应小于 $10\sim3s$，以使放电所产生的热量来不及从放电点过多传导扩散到其他部位，从而只在极小的范围内使金属局部熔化，直至气化。相邻脉冲之间的间隔时间 t_o 称为脉冲间隔，它使放电介质有足够的时间恢复绝缘状态（称为消电离），以免引起持续电弧放电，烧伤加工表面而无法用作尺寸加工。$T=t_i+t_o$ 称为脉冲周期。

d. 有足够的脉冲放电能量，以保证放电部位的金属熔化或气化。

图 9-4 所示是电火花加工的原理图。

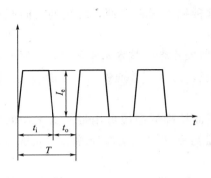

图 9-3 脉冲电流波形

t_i—脉冲宽度；t_o—脉冲间隔；

T—脉冲周期；I_e—电流峰值

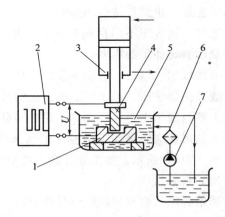

图 9-4 电火花加工原理图

1—工件；2—脉冲电源；3—自动进给装置；

4—工具电极；5—工作液；6—过滤器；7—泵

自动进给调节装置能使工件和工具电极经常保持给定的放电间隙。由脉冲电源输出的电压加在液体介质中的工件和工具电极（以下简称电极）上。

② 电火花加工的特点　电火花加工是利用脉冲放电时的电腐蚀现象来进行尺寸加工的，它与机械加工相比，有如下特点：

a. 由于脉冲放电的能量密度很高，故可以加工用机械加工难于加工或无法加工的材料，如淬火钢、硬质合金、耐热合金、导电等金属材料；

b. 加工时，工具电极和工件在加工过程中不接触，两者间的宏观作用力很小，所以便于加工小孔、侧孔、窄缝零件，而不受电极和工件刚度的限制；对于各种型孔、立体曲面、复杂形状的工件，均可采用成型电极一次加工；

c. 电极材料不必比工件材料硬；

d. 直接利用电能、热能进行加工，便于实现加工过程的自动控制。

（2）影响电火花加工质量的主要工艺因素　加工质量包括零件的加工精度和电蚀表面的质量。

① 影响加工精度的工艺因素　主要有机床本身的制造精度、工件的装夹精度、电极制造及装夹精度、电极损耗、放电间隙、加工斜度等工艺因素。

a. 电极损耗对加工精度的影响。在电火花加工过程中，电极会受到电腐蚀而损耗。

电损耗是影响加工精度的一个重要因素，因此掌握电极损耗规律，从各方面采取措施，尽量减少电极损耗，对保证加工精度是很重要的。

b. 放电间隙对加工精度的影响。

c. 加工斜度对加工精度的影响。

② 影响表面质量的工艺因素

a. 表面粗糙度。电火花加工的表面粗糙度，粗加工一般可达 $Ra25\sim12.5\mu m$；精加工可达 $Ra3.2\sim0.8\mu m$；微细加工可达 $Ra=0.8\sim0.2\mu m$。电火花加工的表面粗糙度与加工速度之间存在着很大的矛盾，例如，将表面粗糙度从 $Ra2.5\mu m$ 减小到 $Ra1.25\mu m$ 时，加工速度几乎要下降十多倍。

b. 表面变化层。表面变化层的厚度与工件材料及脉冲电源的电参数有关，它随着脉冲能量的增加而增厚。粗加工时变化层一般为 $0.1\sim0.5mm$，精加工时一般为 $0.01\sim0.05mm$。凝固层的硬度一般比较高，故电火花加工后的工件耐磨性比机械加工好。但增加了钳工研磨、抛光的困难。

（3）型孔及型腔的加工　型孔的加工在模具中主要用于加工用切削加工方法难于加工的冷冲模凹模型孔，在此就不加以讲述。

型腔加工属于盲孔加工，金属蚀除量大，工作液循环困难，电蚀产物排除条件差，电极损耗不能用增加电极长度和进给来补偿；加工面积大，加工过程中要求电规准的调节范围也较大；型腔复杂，电极损耗不均匀，影响加工精度。因此，型腔加工要从设备、电源、工艺等方面采取措施来减小或补偿电极损耗，以提高加工精度和生产率。与机械加工相比，电火花加工的型腔具有加工质量好、粗糙度小、减少了切削加工和手工劳动，使生产周期缩短。

表 9-1 是型腔电火花加工与其他加工方法的比较。

① 型腔加工方法

a. 单电极加工法　单电极加工法是指用一个电极加工出所需型腔。

- 用于加工形状简单、精度要求不高的型腔。

- 用于加工经过预加工的型腔。为了提高电火花加工效率，型腔在电加工之前采用切削加工方法进行预加工，并留适当的电火花加工余量，在型腔淬火后用一个电极进行精加工，到型腔的精度要求。一般型腔可用立式铣床进行预加工；复杂型腔或大型型腔可先用立式铣床去除大量的加工余量，再用仿形铣床精铣。在能保证加工成型的条件下电加工余量越小越好。

表 9-1　型腔加工方法比较

加工方法		机加工(立铣、数控铣)	冷挤压	电火花加工
对各类型腔的适应性	大型腔	较好	较差	好
	深型腔	较差	低碳钢等塑性好的材料尚好	较好
	复杂型腔	立铣稍差,数控铣较好	较差、有的要分次挤压才行	较好
	文字图案	立铣差,数控铣较好	较好	好
	硬材料	较差	差	好
加工质量	精度	较高	较高	比机加工高,比冷挤压低
	粗糙度	较小	小	比机加工小,比冷挤压大
	后工序抛光量	较少	小	较小
效率	辅助时间(包括二类工具)	立铣长,数控铣短	较长	较短
	成形时间	立铣长,数控铣短	很短	较短
辅助工具	种类	成形刀具	挤头、套圈等	电极,装夹工具等
	重复使用性	可多次使用	可使用几次	一般不能多次使用
操作与劳动强度		操作复杂,劳动强度高	操作简单,强度低	操作简单,强度低
经济技术效益		低	高	高
适用范围		较简单的型腔,并在淬火前加工	小型型腔,塑性好的材料在退火状态下加工	各种材料,大、中小均可。淬火后也能加工

• 用平动法加工型腔。对有平动功能的电火花机床，在型腔不预加工的情况下也可用一个电极加工出所需型腔。

例如，定模镶件，见图 9-5 所示。

图中五星尖角部位（可有极小的圆角）的加工，加工不能用数控铣来完成，因此只能使用电火花成型进行加工。又该零件属于加工形状简单、精度要求不高的型腔、五星部位其深度 1mm，所以加工时采用单电极法加工即可完成。

b. 多电极加工法　多电极加工法是用多个电极，依次更换加工同一个型腔，如图 9-6 所示。

用多电极加工法加工的型腔精度高，尤其适用于加工尖角、窄缝多的型腔。其缺点是需要制造多个电极，并且对电极的制造精度要求很高，更换电极需要保证高的定位精度。

c. 分解电极法　分解电极法是根据型腔的几何形状，把电极分解成主型腔电极和副型腔电极分别制造。

② 电极设计　型腔加工精度与电极的精度和型腔加工时的工艺条件密切相关。为了保证型腔的加工精度，在设计电极时必须合理选择电极材料和确定电极尺寸。此外，还要使电极的结构上便于制造和安装。

a. 电极材料和结构选择

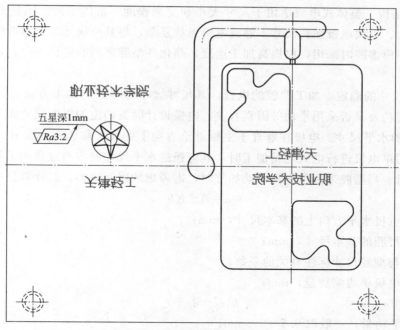

图 9-5　定模镶件示意图

· 电极材料　根据电火花的加工原理,可以认为任何导电材料都可以用来制作电极。但在生产中应选择损耗小、加工过程稳定、生产率高、机械加工性能良好、来源丰富、价格低廉的材料作电极材料。常用电极材料见表 9-2 所示。选择电极材料时应根据加工对象、工艺方法、脉冲电源的类型等因素综合考虑。

对于塑料模具型腔加工常用电极材料主要是纯铜和石墨。纯铜组织致密,适用于形状复杂、轮廓清晰、精度要求较高的塑料成型模、压铸模等。但在精度较高时,机械加工工艺性较差,难以成型磨削;并且由于纯铜密度大、价格较贵、

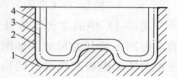

图 9-6　多电极加工示意图

1—模块;2—精加工后的型腔;
3—中加工后的型腔;4—粗
加工后的型腔

不宜作大中型电极。而石墨电极容易成形,密度小,所以宜作大、中型电极;但其强度较差,在采用脉冲大电流加工时,容易起弧烧伤。在具体使用中要根据具体情况,综合分析后再进行选择。

表 9-2　常用电极材料

电极材料	电火花加工性能		机械加工性能	说　　明
	加工稳定性	电极损耗		
钢	较差	中等	好	在选择电参数时应注意加工稳定性,可以用凸模作电极
铸铁	一般	中等	好	
石墨(常用)	较好	较小	较好	机械强度较差,易崩角
黄铜	好	大	较好	电极损耗大
纯铜(常用)	好	较小	较差	磨削困难
铜钨合金	好	小	较好	价格贵,多用于深孔、直壁孔、硬质合金穿孔
银钨合金	好	小	较好	价格昂贵,用于精密及有特殊要求的加工

· 电极结构　整体式电极适用于尺寸大小和复杂程度一般的型腔。镶拼式电极适用于型腔尺寸较大、单块电极坯料尺寸不够或电极形状复杂，将其分块才易于制造的情况。组合式电极适于一模多腔时采用，以提高加工速度，简化各型腔之间的定位工序，易于保证型腔的位置精度。

b. 电极尺寸的确定　加工型腔的电极，其尺寸大小与型腔的加工方法、加工时的放电间隙、电极损耗及是否采用平动等因素有关。电极设计时需确定的电极尺寸如下：

· 电极的水平尺寸。电极在垂直于主轴进给方向上的尺寸称为水平尺寸。当型腔经过预加工，采用单电极进行电火花精加工时，其电极的水平尺寸确定与穿孔加工相同，只需考虑其间隙即可。当型腔采用单电极平动加工时，需考虑的因素较多，其计算公式为

$$a = A \pm Kb \tag{9-1}$$

式中　a——电极水平方向上的基本尺寸，mm；

A——型腔的基本尺寸，mm；

K——与型腔尺寸标注有关的系数；

b——电极单边缩放量，mm；

$$b = e + \delta_j + \gamma_j \tag{9-2}$$

式中　e——平动量，一般取 0.5～0.6mm；

δ_j——精加工最后一挡规准的单边放电间隙。最后一挡规准通常指粗糙度 $Ra < 0.8\mu m$ 时的值，一般为 0.02～0.03；

γ_j——精加工（平动）时电极侧面损耗（单边）一般不超过 0.1，通常忽略不计；

式 (9-1) 中的 "$\pm$" 号及 K 值按下列原则确定：如图 9-7 所示，与型腔凸出部分相对应的电极凹入部分的尺寸（如图 9-7 中 r_2、a_2）应放大，即用 "$+$" 号；反之，与型腔凹入部分相对应的电极凸出部分的尺寸（如图 9-7 中 r_1、a_1，）应缩小，即用 "$-$" 号。

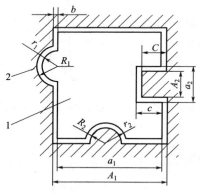

图 9-7　电极水平截面尺寸缩放示意图

1—电极；2—型腔

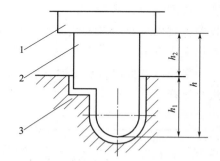

图 9-8　电极垂直方向尺寸

1—电极固定板；2—电极；3—工件

当型腔尺寸以两加工表面为尺寸界线标注时，若蚀除方向相反（如图 9-7 中 A_1）取 $K = 2$；若蚀除方向相同（如图 9-7 中 C），取 $K = 0$。当型腔尺寸以中心线或非加工面为基准标注（如图 9-7 中 R_1、R_2）时，取 $K = 1$；凡与型腔中心线之间的位置尺寸以及角度尺寸相对应的电极尺寸不缩不放，取 $K = 0$。

· 电极垂直方向尺寸。即电极在平行于主轴轴线方向上的尺寸，如图 9-8 所示。可按

下式计算

$$h = h_1 + h_2 \tag{9-3}$$

$$h_1 = H_1 + C_1 H_1 + C_2 S - \delta_j \tag{9-4}$$

式中　h——电极垂直方向的总高度，mm；

　　h_1——电极垂直方向的有效工作尺寸，mm；

　　H_1——型腔垂直方向的尺寸（型腔深度），mm；

　　C_1——粗规准加工时，电极端面相对损耗率，其值小于 1%；$C_1 H_1$ 只适用于未预加工的型腔；

　　C_2——中、精规准加工时电极端面相对损耗率，其值一般为 20%～25%；

　　S——中、精规准加工时端面总的进给量，一般为 0.4～0.5mm；

　　δ_j——最后一档精规准加工时端面的放电间隙，一般为 0.02～0.03mm，可忽略不计；

　　h_2——考虑加工结束时，为避免电极固定板和模块相碰，同一电极能多次使用等因素而增加的高度，一般取 5～20mm。

• 排气孔和冲油孔由于型腔加工的排气、排屑条件比穿孔加工困难，为防止排气、排屑不畅，影响加工速度、加工稳定性和加工质量，设计电极时应在电极上设置的排气孔和冲油孔。一般情况下，冲油孔要设计在难于排屑的拐角、窄缝等处（图 9-9）。排气孔要设计在蚀除面积较大的位置（图 9-10）和电极端部有凹入的位置。

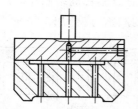

图 9-9　设强迫冲油孔的电极

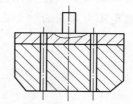

图 9-10　设排气孔的电极

冲油孔和排气孔的直径应小于平动偏心量的 2 倍，一般为 1～2mm。过大则会在电蚀表面凸起，不易清除。各孔间的距离约为 20～40mm 左右，以不产生气体和电蚀产物的积存为原则。

③ 电规准的选择与转换

a. 电规准的选择　正确选择和转换电规准，实现低损耗、高生产率加工，对保证型腔加工精度和经济效益是很重要的。

• 粗规准　要求粗规准以高的蚀除速度加工出型腔的基本轮廓，电极损耗要小，电蚀表面不能太粗糙，以免增大精加工的工作量。

• 中规准　中规准的作用是减小被加工表面的粗糙度（一般中规准加工时 $Ra = 6.3 \sim 3.2 \mu m$），为精加工作准备。

• 精规准　用于型腔精加工，所去除的余量一般不超过 0.1～0.2mm。

b. 电规准的转换　电规准转换的挡数，应根据加工对象确定。

开始加工时，应选粗规准参数进行加工，当型腔轮廓接近加工深度（大约留 1mm 的余量）时，减小电规准，依次转换成中、精规准各挡参数加工，直至达到所需的尺寸精度和表面粗糙度。

型腔的侧面修光，是靠调节电极的平动量来实现的。当采用单电极平动加工时，在转换电规准的同时，应相应调节电极的平动量。

④ 电极制造 电极制造应根据电极类型、尺寸大小、电极材料和电极结构的复杂程度等进行考虑。孔加工用电极的垂直尺寸一般无严格要求，而水平尺寸要求较高。对这类电极，若适合于切削加工，可用切削加工方法粗加工和精加工。对于纯铜、黄铜一类材料制作的电极，其最后加工可用数控铣削或由钳工精修来完成。也可采用电火花线切割加工来制作电极。

需要将电极和凸模连接在一起进行成型磨削时（如图 9-11 所示），可采用环氧树脂或聚乙烯醇缩醛胶粘合。当粘合面积小不易粘牢时，为了防止磨削过程中脱落，可采用锡焊的方法将电极材料和凸模连接在一起。

直接用钢凸模作电极时，若凸、凹模配合间隙小于放电间隙，则凸模作为电极部分的断面轮廓，必须均匀缩小。

当凸、凹模配合间隙大于放电间隙，需要扩大用作电极部分的凸模断面轮廓时，可采用电镀法。单边扩大量在 0.06mm 以下时表面镀铜；单面扩大量超过 0.06mm 时表面镀锌。

型腔加工用的电极，水平和垂直方向尺寸要求都较严格，比加工穿孔电极困难。对紫铜电极除采用切削加工法加工外，还可采用电铸法、精锻法进行加工，最后由钳工精修达到要求。由于使用石墨坯料制作电极时，机械加工、抛光都很容易，所以以机械加工方法为主。当石墨坯料尺寸不够时可在固定端采用钢板螺栓连接或用环氧树脂、聚氯乙烯醋酸液等粘结，制造成拼块电极。拼块要用同一牌号的石墨材料，要注意石墨在烧结制作时形成的纤维组织方向，避免不合理拼合（如图 9-12）引起电极的不均匀损耗，降低加工质量。

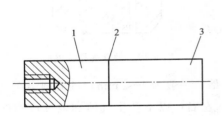

图 9-11 凸模与电极粘合

1—凸模；2—粘合面；3—电极

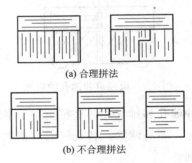

(a) 合理拼法

(b) 不合理拼法

图 9-12 石墨纤维方向及拼块组合

⑤ 型腔电火花加工实例 如图 9-13 所示定模镶件（用电火花加工五角星部位），材料为 P20（相当于国产 3Cr2Mo），硬度为 28～32HRC，加工表面粗糙度 $Ra1.6\mu m$，要求型腔侧面棱角清晰，五星尖角可有极小圆角。

a. 加工方法选择 由于加工形状简单、精度要求不高、加工深度 1mm 较浅等，选用单电极平动法进行加工。

b. 工具电极

• 电极材料 由于尺寸较小、轮廓清晰等，电极材料选用纯铜

• 电极结构与尺寸 电极尺寸如图 9-14（b）所示，电极水平尺寸单边缩放量取 $b = 0.25$。由于电极缩放量较小及型腔加工深度只有 1mm，用于基本成型的电规准，选择以中规准开始至精规准加工完成。

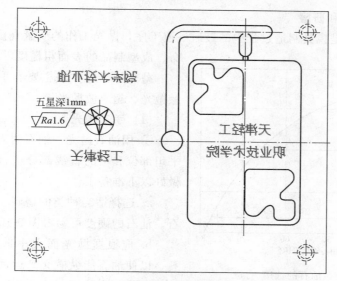

图 9-13　定模镶件

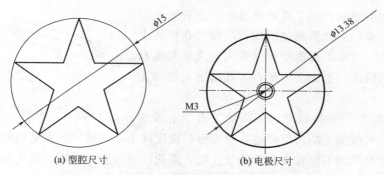

(a) 型腔尺寸　　　　　　　(b) 电极尺寸

图 9-14　定模镶件电火花加工部位放大图

- **电极制造**　电极加工选择机械加工、线切割成型（五角星外形）、钳工修整的方法进行制造。工艺过程如下：

备料（纯铜）—车削（加工外圆及端面）—钳工（加工螺纹孔）—线切割（加工五角星外形）—钳工研磨修整。

- **型腔电火花成型加工**　采用数控电火花成型机床，选用表 9-3 所示电规准及其转换过程对型腔进行加工。

表 9-3　型腔加工电规准转换表

序号	脉冲宽度/μm	脉冲电流峰值/A	表面粗糙度 Ra/μm	端面进给量/mm
1	350	2.5	10	0.72
2	210	1.6	7	0.12
3	130	1	5	0.07
4	70	0.8	3	0.05
5	20	0.5	2	0.03
6	6	0.3	1.3	0.02

注：1. 型腔深度 1mm，端面进给量总共 1.01，其中包括电极 1%（0.01mm）的损耗。

2. 型腔加工表面粗糙度 $Ra1.3\mu m < Ra1.6\mu m$，满足加工精度要求。

4. 型腔的抛光和研磨

抛光加工一般是模具制造过程中的最后一道工序，抛光工作的质量直接影响模具使用寿命、成型制品的表面粗糙度、尺寸精度等。

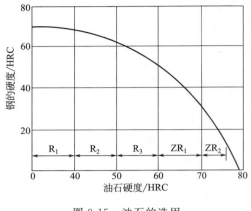

图 9-15　油石的选用

抛光加工的方法主要有手工抛光、电解接触抛光、超声波抛光等。

（1）手工抛光

① 用油石抛光　油石抛光主要是对型腔的平坦部位和槽的直线部分进行抛光。抛光前应做好以下准备工作。

a. 选择适当种类的磨料、粒度、形状的油石，油石的硬度可参考图 9-15 选用。

b. 应根据抛光面大小选择适当大小的油石，以使油石能纵横交叉运动。当油石形状与加工部位的形状不相吻合时，需用砂轮修整器对油石形状进行修整，图 9-16 所示是修整后用于加工狭小部位的油石。

抛光过程中由于油石和工件紧密接触，油石的平面度将因磨损而变差，对磨损变钝的油石应即时在铁板上用磨料加以修整。在加工过程中要经常用清洗油对油石和加工表面进行清洗，否则会因油石气孔堵塞而使加工速度下降。

② 用砂纸抛光　手持砂纸，压在加工表面上做缓

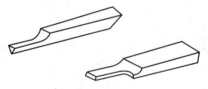

图 9-16　经过修整的油石

慢运动，以去除机械加工的切削痕迹，使表面粗糙度减小，这是一种常见的抛光方法。根据不同的抛光要求可采用不同粒度号数的氧化铝、碳化硅及金刚石砂纸，抛光过程中必须经常对抛光表面和砂纸进行清洗，并按照抛光的程度依次改变砂纸的粒度号数。

③ 研磨　研磨是在工件和工具（研具）之间加入研磨剂，在一定压力下由工具和工件间的相对运动，驱动大量磨粒在加工表面上滚动或滑擦，切下微细的金属层而使加工表面的粗糙度减小。同时研磨剂中加入的硬脂酸或油酸与工件表面的氧化物薄膜产生化学作用，使被研磨表面软化，从而促进了研磨效率的提高。

研磨剂由磨料、研磨液（煤油或煤油与机油的混合液）及适量辅料（硬脂酸、油酸或工业甘油）配制而成。研磨钢时，粗加工用碳化硅或白刚玉，淬火后的精加工则使用氧化铬或金刚石粉作磨料。

研磨工具根据不同情况可用铸铁、铜或铜合金等制作。对一些不便进行研磨的细小部位，如凹入的文字、花纹可将研磨剂涂于这些部位用铜刷反复刷擦进行加工。

（2）电解接触抛光　电解接触抛光（或称电解修磨）是电解抛光的形式之一，是利用通电后的电解液在工件（阳极）与金刚石抛光工具（阴极）间流过，发生阳极溶解作用来进行抛光的一种表面加工方法。

电解接触抛光装置如图 9-17 所示。

加工时，握住手柄，使磨头在被加工表面上慢慢滑动，并稍加压力，由于工具磨头表面上敷有一层绝缘的金刚石磨粒，防止两电极接触时发生短路（图 9-18），当电流及电解液在

两极间通过时，工件表面发生电化学反应，溶解并生成很薄的氧化膜，这层氧化膜被移动着的工具磨头上的磨粒所刮除，使工件表面露出新的金属表面，并继续被电解。

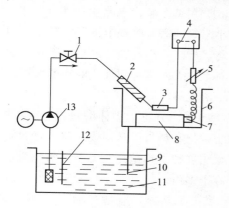

图 9-17　电解接触抛光装置

1—阀门；2—手柄；3—磨头；4—电源；5—电阻；6—工
作槽；7—磁铁；8—工件；9—电解液箱；10—回液管；
11—电解液；12—隔板；13—离心式水泵

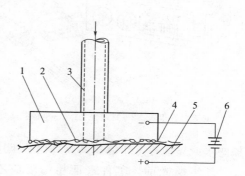

图 9-18　电解接触抛光原理

1—工具（阴极）；2—磨料；3—电解液管；
4—电解液；5—工件（阳极）；6—电源

（3）超声波抛光　用于加工和抛光的超声波频率为 $16000 \sim 25000 \mathrm{Hz}$，超声波和普通声波的区别是频率高、波长短、能量大和有较强的束射性。

超声波抛光是超声加工的一种形式，超声加工是利用超声振动的能量，通过机械装置对工件进行加工。

超声波加工的基本原理是利用工具端面做超声频率振动，迫使磨料悬浮液对硬脆材料表面进行加工的一种方法。

超声波抛光装置如图 9-19 所示，由超声波发生器、换能器、变幅杆、工具等部分组成。

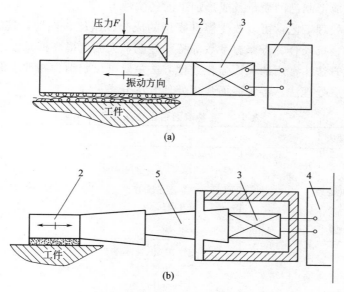

图 9-19　超声波抛光装置

1—固定架；2—工具；3—换能器；4—超声波发生器；5—变幅杆

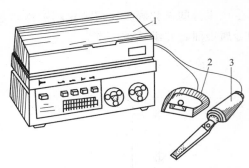

图 9-20　超声波抛光机

1—超声波发生器；2—脚踏开关；3—手持工具头

图 9-19 的形式称为散粒式超声波抛光，在工具与工件之间加入混有金刚砂、碳化硼等磨料的悬浮液，在具有超声频率振动的工具作用下，颗粒大小不等的磨粒将产生不同的激烈运动，大的颗粒高速旋转，小的颗粒产生上下左右的冲击跳跃，对工件表面均起到细微的切削作用，使加工表面平滑光整。

图 9-20 的形式称为固体磨料式超声波抛光，这种方法是把磨料与工具制成一体，就如使用油石一样，用这种工具抛光，无需另添磨剂，只要加些水或煤油等工作液，其效率比手工用油石抛光高十多倍。

超声抛光前，工件表面粗糙度应不大于 $Ra1.25 \sim 2.5 \mu m$，经抛光后可达 $Ra0.63 \sim 0.08 \mu m$ 或更小，抛光精度与操作者的熟练程度和经验有关。

超声抛光的加工余量与抛光前被抛光表面的质量及抛光后的表面质量有关。最小抛光余量应保证能完全消除由上道工序形成的表面微观几何形状误差或变质层的深度。如对于采用电火花加工成形的型腔，对应于粗、精加工规准，所采用的抛光余量也不一样，$0.02 \sim 0.05mm$。

超声波抛光具有以下优点：

① 抛光效率高，能减轻劳动强度；

② 适用于各种型腔模具，对窄缝、深槽、不规则圆弧的抛光尤为适用；

③ 适用于不同材质的抛光。

5. 型腔的表面强化处理

模具表面强化处理的目的是提高模具的耐用度，充分发挥模具材料潜力，最大限度地降低模具损耗，保证成形制品的质量及成形加工的经济性。

采用表面强化处理工艺，可以改变模具表层的成分、组织、性能，使零件获得高硬度、耐磨、耐蚀、耐热、抗咬合、低摩擦系数等特殊性能，大幅度提高模具使用寿命。

（1）表面强化方法 常用的表面强化处理方法主要可以归纳为物理表面处理法、化学表面处理法和表面覆层处理法。各种表面强化处理方法分类见表 9-4。

表 9-4　各种表面强化处理法分类

Ⅰ　物理表面处理法	
高频淬火	
火焰淬火	表面淬火
激光强化处理	CO_2 激光器
加工硬化	喷丸硬化
Ⅱ　化学表面处理法	
渗碳	气体、固体、液体渗碳
渗氮	渗氮、液体氮碳共渗、气体氮碳共渗
渗硼	固体、液体渗硼
多元共渗	碳、氮、硫、硼等某些元素共渗
离子注入	用离子注入法将铬等离子注入模具表面

续表

Ⅲ　表面覆层处理法	
电镀	铬、锌、镍、硬铬
化学气相沉积	CVD 法
物理气相沉积	PVD 法
盐浴涂覆	TD 法
热喷涂	火焰喷涂、等离子喷涂、电弧喷涂
表面合金化	电火花强化

物理表面处理法是不改变金属表面化学成分的硬化处理方法，主要包括表面淬火（高频、火焰淬火）、激光热处理、加工硬化等。

化学表面处理的主要特征是通过加热使某些元素渗入模具表面，以改变模具表层的化学成分和组织性能，主要包括渗碳、渗氮、渗硼、渗硫、渗金属、离子注入等。

表面覆层处理法则是通过各种物理、化学沉积等方式，在模具表面覆盖一层与基体不同的金属或化合物，以提高表面的力学和物化性能，主要包括镀铬、化学气相沉积（CVD）、物理气相沉积（PVD）、盐浴涂覆（TD）及电火花强化等。

（2）常用表面强化处理工艺及应用

① 渗氮

渗氮工艺只提高模具表面性能，因而要求心部具有良好的综合力学性能；渗氮层薄而脆，也要求强韧的心部来支持。模具心部硬度和组织由渗氮前的调质加以控制。一般渗氮用钢采用调质状态的中碳合金钢，如 38CrMoAlA 等。应用于模具上，使用较广的钢为 3Cr2W8V 和 40Cr 钢，前者硬度和热稳定性高，使用寿命长；后者冷、热加工工艺性能好，氮化后脆性低，可获得较高硬度和一定渗层深度，材料价格低廉，在塑料模上应用较为普遍。

模具渗氮前都应加工到要求尺寸、精度和表面粗糙度，最好经过试模确定完全合格后再进行渗氮处理。

为了满足模具变形小、性能好、质量高的要求，通常根据模具的技术要求，分别采用以下两种工艺路线。

精密模具：下料—锻造—退火或正火—粗加工—调质—半精加工—稳定化处理—精加工—装配—试模—渗氮—抛光—装配。

普通模具：下料—粗加工—调质—精加工—渗氮—装配。

渗氮获得表面其特点如下：

- 表面硬度高；
- 具有很高的红硬性；
- 显著提高疲劳强度；
- 提高模具耐蚀性；
- 渗氮处理温度低，模具氮化后变形极小；
- 降低了模具表面粗糙度，提高了抗咬合能力。

模具的渗氮方法有气体渗氮、气体低温氮碳共渗和离子渗氮等。

② 渗铬、渗硼

a. 渗铬 模具渗铬可提高表面硬度（1300HV 以上）、耐磨性、耐蚀性、疲劳强度和抗高温氧化性。对承受强烈磨损的模具，可显著提高使用寿命。

由于渗铬温度引起较大变形，又不能再机械加工，故仅适用于形状简单、变形要求不严的模具。

渗铬的方法很多，分为固体、液体和气体渗铬，常用的有粉末渗铬和真空密封渗铬。渗铬对在热态工作或承受强烈磨损的模具有显著效果，适用于锤锻模、拉深模等冷、热作模具。模具渗铬后的使用寿命见表 9-5。

表 9-5 几种模具渗铬后的使用寿命

模具名称	材料	加工零件/个		使用寿命提高倍数
		处理前	处理后	
拉深模	T8A			6 倍左右
拉深模	Cr12	1500	10500	数十倍
压铸模	3Cr2W8V			数倍

b. 渗硼 渗硼能显著提高工件表面硬度（1200～2000HV）和耐磨性，渗硼层还有良好的耐蚀性，可广泛用于模具表面强化，尤其适合在磨粒磨损条件下使用的模具，寿命可提高几倍到几十倍。

渗硼方法有固体渗硼、气体渗硼、盐浴渗硼等。国内应用较多的是盐浴渗硼和固体渗硼。

渗硼常用于多种冷、热作模具，如冷挤模、拉丝模、冲裁模、冷镦模、热挤模、粉末冶金模等，效果都非常显著。

渗硼的缺点是处理温度较高，工件变形量大，研磨及修复困难，不适用于精度要求很高的模具。

c. 表面覆层处理

（a）模具镀铬。镀铬分两种：一种为装饰性镀铬，镀层厚仅 0.25～1μm，主要目的是保护镍底层，进一步提高耐蚀性，常称为镀软铬；另一种为工业镀铬，镀层厚 0.03～0.30mm，镀于钢基体上，主要目的是提高耐磨性，常称为镀硬铬。

镀硬铬具有镀层摩擦系数小、耐蚀、耐磨、硬度高（900～1200HV）、应用简便并可反复处理的优点。此外，处理温度低（60℃左右），不引起工件变形，对形状复杂的模具十分有利。但需注意，如果镀层厚度选择不合理，就会造成模具过早损坏，在模具承受强压或冲击时镀层易剥落，效果反而不好。冷镦模和冲裁模不宜使用，只适合于加工应力较小的拉深模、塑料模、胶木模等。

模具镀铬主要是在水溶液中进行的电解镀铬，可采用以下工艺：铬配 150g/L，硫酸 1.5g/L，溶液温度为 600C，电流密度为 40A/dmz。对胶木模进行这样的镀铬处理后，其寿命由原 2000 件提高到 8000 件。

（b）化学气相沉积（CVD 法）。根据化学沉积原理进行表面覆层的方法称为化学气相沉积法，简称 CVD。CVD 工艺主要沉积材料：碳化物、氮化物、硼化铬和氧化物，处理温度 800～1100℃，其中以碳化钛硬度最高，可达 2000～3500HV。

用 CVD 法处理模具的优点是：

- 处理温度高，沉积物和基体之间发生碳与合金元素间的相互扩散，使涂层与基体之间的结合比较牢固；
- 由于是气相反应，用于形状复杂的模具也能获得均匀的涂层；
- 设备简单、成本低，效果好（CVD 法处理的模具一般可提高模具寿命 2～6 倍），易于推广。

其缺点是：

- 处理温度高，易引起模具变形；
- 由于涂层较薄（不超过 $15\mu m$），所以处理后不允许研磨修正；
- 由于处理温度高，模具的基体会软化，对高速钢和高碳高铬钢模具，必须涂覆处理后于真空中或惰性气体中再进行淬火、回火处理。

（c）物理气相沉积。根据物理沉积原理进行表面覆层的方法称为物理气相沉积法，简称 PVD 法。PVD 法工艺主要沉积材料：碳化物、氮化物、硼化铬和氧化物，处理温度 400～600℃，其中以碳化钛硬度最高，可达 2000～3500HV。

在模具制造中，可用于含碳量大于 0.8％的工具钢、高速钢及硬质合金等。

该工艺适用于各种拉深模、冷挤模、冲裁模的冲头和凹模，以及粉末冶金模和陶瓷模等。Cr12 钢制拉深模经气相沉积 TiC 后，使用寿命可提高 8～30 倍。

用 PVD 法处理模具的优点是：

- 处理温度低，变形小；
- 处理温度 400～600℃，这一温度在采用二次硬化法处理的 Gr12 型模具钢的回火温度附近，因此这种处理不会影响 Gr12 型模具钢原先的热处理效果。

其主要缺点是：

- 处理温度低，涂层与基体之间的结合强度较低；
- 如涂覆处理温度低于 400℃，涂层性能下降，故不适于低温回火的模具；
- 由于采用一个蒸发源，对形状复杂的模具覆盖性能不好，若采用多个蒸发源或使工件绕蒸发源旋转来弥补，又会使设备复杂、成本提高。

d. 盐浴涂覆 这种方法通常称为 TD 法，利用盐浴涂覆各种碳化物、硼化物或铬固溶体等。

TD 法适用于冲模、锤锻模、压铸模、粉末冶金模等，可以显著地提高模具的综合性能和寿命。

TD 法的优点与 CVD 法类似。其处理设备非常简单（外热式坩埚盐炉，不必密封），生产率高，适合于处理各种中小型模具。但是，由于 TD 法中碳化物形成需消耗基体中的碳，对于含碳量小于 0.3％的钢或尺寸过小的模具零件不宜采用。

e. 复合热处理 该法是将传统的热处理方法加以合理组合，发挥各自特点，以获得优于单一热处理效果的一种极有发展前途的工艺方法，它为热处理，特别是化学热处理开拓了广阔的前景。

复合热处理如下：

（a）先行处理的一般是先给予工件一定性能，或为一定性能对先行处理效果给以补充和提高，或者是给予新的性能；

（b）后继处理的温度不应使先行处理所得到的组织与性能发生变化，至少不改变心部组织及性能；

（c）后继处理不应引起过量变形和开裂，不应使渗层表面质量降低。

复合热处理用于冷冲及热锻模具，主要是进一步强化渗层。

f. 强化处理后的加工　模具表面强化处理后，一般不再需要进行加工，但某些零件还需要一些加工（如精磨、研磨等），以便达到最终尺寸和表面粗糙度要求。

当采用渗氮、氮碳共渗、镀铬等处理时，由于硬度不太高，后加工不成问题。但当采用渗硼、渗铬、TD法和高硬度热喷涂时，由于强化层硬度很高（通常在1500HV以上）不宜用氧化铝砂轮磨削或用普通刀具车削，而只能用碳化硅砂轮磨削或金刚砂研磨膏研磨，以及用特殊陶瓷车刀车削。除了铬的碳化物外，其余碳化物的抗氧化性较差。

为了避免后加工困难，应合理安排模具制造技术，可将模具先加工到最终尺寸（即不留磨削余量），表面强化处理时采取防氧化脱碳措施，处理后不再加工。

表面强化处理时还要注意变形问题。变形包括两部分：

（a）热处理变形；

（b）表面强化处理时引起的尺寸变化。

6. 高速切削加工

高速切削加工一般是指切削速度高于常规切削速度5～10倍条件下所进行的切削加工。在实际生产中高速切削的速度范围随加工材料和加工方法不同而异。高速车削为700～7000m/min；高速铣削为500～6000m/min；高速钻削为200～1100m/min；高速磨削为50～300m/s。

目前，高速切削在航天、汽车、模具、仪表等领域得到广泛应用。用高速铣削代替电火花进行成形加工，可使模具制造效率提高3～5倍。对于复杂型面的模具，其精加工费用往往占到模具总费用的50%以上，采用高速切削加工可使模具精加工费用大为减少，从而降低模具的生产成本。

采用高速铣切削模具有以下特点。

① 切削力小　由于切削速度高，切削的变形系数减小，和常规切削相比切削力可降低30%或更多，有利于减少工艺系统的受力变形和加工精度的提高。

② 传入工件的热量少　由于切削速度高，加工表面受热时间短，使传入工件的切削热大幅减少，大部分被切削所带走，使加工表面的热影响程度减小，有利于获得低损伤的表面结构状态，保持良好的表面物理力学性能。

③ 加工质量高　由于高速切削的主轴转速高使激振频率远离工艺系统的固有频率，因此不易激发振动，而且由于工艺系统的受力变形减小和加工表面的热影响程度减小，所以，加工表面能获得高加工精度的表面质量。

④ 加工效率高　高速切削的切削速度比常规切削提高5～10倍。若保持进给速度与切削速度之比不变，则切削时间将随切削速度的提高而减少，再由于自动化程度提高，辅助时间和空行时间减少，可使材料去除率比普通切削加工提高3～6倍。

(1) 高速铣削对机床的要求

① 高速主轴　要进行高速铣削需要有性能与之相适应的机床。主轴是机床的重要部件，在模具加工中常要选用 $\phi16mm$ 以下的铣刀，主轴转速应高于30000r/min。这样转速的主轴

要受轴承性能的限制，目前使用较多的是热压氮化硅（Si3N4）陶瓷滚动轴承和液体动静压轴承。采用磁力轴承支撑、内装式电动机驱动的主轴，转速可达 20000～40000r/min。

② 高速进给系统　　在高速铣削中以高出传统 5～10 倍的切削速度进行加工，它要求快的进给速度与之相适应，以保证要求的切削层厚度和理想的切削状态。在高速移动中保持精确的刀具轨迹，进给不能有明显的延迟或过切发生。机床的给进系统采用传统的回转伺服电机是不能满足上述要求的，必须采用全闭环位置伺服电动机直接驱动，并配备能快速处理 NC 数据和高速切削控制算法的 CNC 系统。

③ 机床的支撑部件　　高速切削机床的床身和立柱等支撑部件应具有很好的动、静刚度和热稳定性，可采用聚合物混凝土制造，其阻尼特性比铸铁高 1.9～2.6 倍。

高速铣床除了高速主轴、进给系统和控制系统外，还必须有精密高速的检测传感技术对加工位置、刀具状态、工件状态、机床的运行状态进行监测，以保证设备、刀具能正常工作和保证加工质量。

（2）高速切削对刀具材料的要求　　由于高速切削加工的切削速度是常规切削的 5～10 倍，因此对刀具材料以及刀具结构、几何参数等都提出了新的更高的要求。刀具材料的选择对加工效率、加工质量、加工成本和刀具寿命等都有着重要的影响。高速切削加工除了要求刀具材料具备普通刀具材料的一些基本性能之外，还对刀具材料有更高的要求，主要包括：①高的硬度和耐磨性。高速切削加工刀具材料的硬度必须高于普通加工刀具材料的硬度，一般在 60HRC 以上。刀具材料的硬度愈高，其耐磨性愈好；②高的强度和韧性。刀具材料要有很高的强度和韧性，以便承受切削力、振动和冲击，防止刀具脆性断裂；③良好的热稳定性和热硬性。刀具材料要有很好的耐热性，要能承受高温，具备良好的抗氧化能力；④良好的高温力学性能。刀具材料要有很高的高温强度、高温硬度和高温韧性；⑤较小的化学亲和力。刀具材料与工件材料的化学亲和力要较小。

目前适用于高速切削的刀具，主要有涂层刀具、陶瓷刀具、金属陶瓷刀具、立方氮化硼（CBN）刀具、聚晶金刚石（PCD）刀具以及性能优异的高速钢和硬质合金刀具等。

（3）高速切削常用的刀具材料

① 涂层刀具　　涂层刀具是在韧性较好的刀体上，涂覆一层或多层耐磨性好的难熔化合物，使刀具既有较高的韧性又有很高的硬度和耐磨性，涂层刀具的寿命比未涂层的刀具要高 2～5 倍。涂层刀具可分为两大类：一类是"硬"涂层刀具，如 TiC、TiN、Al$_2$O$_3$ 涂层刀具，硬涂层刀具的主要优点是硬度高、耐磨性能好；另一类是"软"涂层刀具，这种涂层刀具也称为自润滑刀具，其表面摩擦系数低可以减少摩擦，降低切削力和切削温度，软涂层刀具的涂层材料主要有 MoS$_2$ 和 WS$_2$。应用较广泛的涂层工艺有化学气相沉积法和物理气相沉积法。涂层硬质合金一般采用化学气相沉积法（CVD），涂层高速钢刀具一般采用物理气相沉积法（PVD）。

② 陶瓷刀具　　陶瓷刀具具有很高的硬度、耐磨性能和良好的高温力学性能，与金属的亲和力小，不易与金属产生粘结，并且化学稳定性好。因此，陶瓷刀具可以加工传统刀具难以加工或根本不能加工的超硬材料，实现以车代磨，从而可以免除退火，简化工艺，大幅度地节省工时和电力；陶瓷刀具的最佳切削速度可以比硬质合金刀具高 3～10 倍，而且刀具寿命长，可减少换刀次数，从而大大提高切削加工生产效率。近年来，由于控制了原料的纯度和晶粒尺寸，添加了各种碳化物、氮化物、硼化物、氧化物和晶须等，采用多种增韧机制进

行增韧补强，使得陶瓷刀具材料的抗弯强度、断裂韧性和抗冲击性能都大幅度提高，应用范围日益广泛，可以用于高速切削、干切削和硬切削，切削效率大大提高。

③ 金属陶瓷刀具　金属陶瓷有较高室温硬度、高温硬度及良好的耐磨性、抗氧化能力强和化学稳定性好。金属陶瓷材料主要包括高耐磨性 TiC 基硬质合金（TiC＋Ni 或 No）、高韧性 TiC 基硬质合金（TiC＋TaC＋WC）、强韧 TiN 基硬质合金（以 TiN 为主体）、高强韧性 TiCN 基硬质合金（TiCN＋NbC）等。金属陶瓷刀具可在 300～500m/min 的切削速度范围内高速加工钢和合金钢，精加工铸铁。此外金属陶瓷还可制成钻头、铣刀和滚刀。

④ 立方氮化硼（CBN）刀具　立方氮化硼具有超硬特性、高热稳定性和高化学稳定性。立方氮化硼刀具是高速精加工或半精加工淬硬钢、冷硬铸铁和高温合金等的理想刀具材料。

⑤ 金刚石刀具　金刚石刀具有两种：天然金刚石刀具和人造金刚石刀具。天然金刚石的价格昂贵，目前已经被人造金刚石所代替。人造聚晶金刚石（PCD）是以石墨为原料，加入催化剂经高温高压烧结而成。在烧结过程中由于添加剂的加入，使金刚石晶体间形成以 TiC、SiC、Fe、Co 和 Ni 等为主要成分的结合桥，金刚石以共价键的结合形式牢固地嵌于结合桥构成坚固的骨架中，使 PCD 的强度和韧性都有了很大提高。

由于 PCD 结合桥具有导电性使得 PCD 便于切割成形，且成本低于天然金刚石 PCD 刀片可分为整体聚晶金刚石刀片和聚晶金刚石复合刀片。

⑥ 性能优异的高速钢和硬质合金复杂刀具　高性能钴高速钢、粉末冶金高速钢和整体硬质合金材料已成为制造滚刀、剃齿刀、插齿刀等齿轮刀具的主流刀具材料，可用于齿轮的高速切削。用硬质合金粉末和高速钢粉末配制成的新型粉末冶金材料制成的齿轮滚刀，滚切速度可达到 150～180m/min。再对其进行 TiAlN 涂层处理后，可用于高速干切齿轮。

(4) 高速切削时各种材料加工对刀具材料的合理选择

① 铸铁　铸铁是机械工程中应用极为广泛的工程材料，因铸件上夹有硬质点，气孔、表皮冷硬层、夹砂等，使生产中刀具的磨损、破损较快。对铸件，切削速度大于 350m/min 时，称为高速加工。切削速度对刀具的选用有较大影响，当切削速度低于 750m/min 时，可选用涂层硬质合金、金属陶瓷刀具；切削速度在 510～2000m/min 时，可选用陶瓷刀具；切削速度在 2000～4500m/min 以上时，可使用 CBN 刀具。

铸件的金相组织对高速切削刀具的选用有一定影响，加工以珠光体为主的铸件在切削速度大于 500m/min 时，可使用 CBN 或陶瓷刀具；当以铁素体为主时，由于扩散磨损的原因，使刀具磨损严重，不宜使用 CBN 刀具，而应采用陶瓷刀具。

② 普通钢　钢是塑性材料，切削速度对其表面质量有较大的影响，根据研究其最佳切削速度为 500～800m/min。

目前，涂层硬质合金、金属陶瓷、非金属陶瓷、CBN 刀具均可作为高速切削钢件的刀具材料，其中涂层硬质合金可用切削液。用 PVD 涂层方法生产的 TiN 涂层刀具其耐磨性能，比用 CVD 涂层法生产的涂层刀具要好，因为前者可很好地保持刃口形状，使加工零件获得较高的精度和表面质量。

③ 高硬度钢　高硬度钢具有较高的硬度及抗拉强度，常用作模具材料，硬度在40～70HRC。用于加工该类材料的高速切削刀具常采用金属陶瓷、陶瓷、TiC 涂层硬质合金、PCBN 等材料。

金属陶瓷适合于中高速（200m/min 左右）的模具钢加工。金属陶瓷尤其适合于切槽加工。采用陶瓷刀具可切削硬度达 63HRC 的工件材料，如进行工件淬火后再切削，实现"以切代磨"。切削淬火硬度达 48～52HRC 的 45 钢时，切削速度可取 150～180m/min，进给量在 0.3～0.4mm/r，切深可取 2～4mm。粒度为 1μm，TiC 含量在 20％～30％ 的陶瓷刀具，在切削速度为 100m/min 左右时，可用于加工具有较高抗剥落性能的高硬度钢。

当切削速度高于 1000m/min 时，PCBN 是最佳刀具材料，CBN 含量大于 90％ 的 PCBN 刀具适合加工淬硬工具钢。

刀具材料的不断更新和发展，必将有力地推动着高速切削加工的广泛应用。各种刀具材料都与相应的工件材料相匹配，并有着不同的结构参数和切削用量范围。因此，进一步加强刀具材料的研究和开发，合理地选择刀具材料和刀具结构参数，必将大大推动高速切削技术应用和发展。

在塑料模具加工中，型腔和型芯的加工大多采用数控铣（加工中心），在使用高速铣削的刀具时，应根据被加工的模具材料和加工性质来选择。表 9-6 是典型的高速铣削刀具和工艺参数。

表 9-6　典型的高速铣削刀具和工艺参数

材料	切削速度/(m/min)	进给速度/(m/min)	刀具/刀具涂层
铝	2000	12～20	整体硬质合金/无涂层
铜	1000	6～12	整体硬质合金/无涂层
钢（42～52HRC）	400	3～7	整体硬质合金/TiCH-TiAlCN 涂层
钢（54～60HRC）	250	3～4	整体硬质合金/TiCH-TiAlCN 涂层

（5）高速铣削工艺　在进行高速铣削一般按粗加工→半精加工→清根加工→精加工等工艺顺序进行。

① 粗加工　粗加工主要去除毛坯表面的大部分余量，要求高的加工效率，一般采用大直径刀具、大切削间距进行加工。

② 半精加工　半精加工进一步减少模具型面上的加工余量，为精加工作准备，一般采用较大直径的刀具、合理的切削间距和公差值进行加工。半精加工后的模具型面余量应较均匀、表面粗糙度较小，在保证公差和表面粗糙度的前提下保持尽可能高的加工效率。

③ 清根加工　清根加工切除被加工型面上某些凹向交线部位的多余材料，它对高速铣削是非常重要的，一般应采用系列刀具从大到小分次加工，直至达到模具所需尺寸。因为模具表面经过半精加工后，在曲率半径大于刀具半径的凹向交线处留下的加工余量是均匀的，但当被加工零件的凹向交线处曲率半径小于刀具半径时，型面的加工余量比其他部位的加工余量要大得多，在模具精加工前，必须把这部分材料先去掉。否则，在进行精加工过程中，当刀具经过这些区域时，刀具所承受的切削力会突然增大而损坏刀具。从分析中可以看出，清根加工所需的刀具半径应小于或等于精加工时所采用的刀具半径。

经过清根加工后，再进行精加工。当刀具走到工件凹向交线处时，刀具处于不参与切削的空切状态，这样就大大改善了刀具在工件凹向交线处的受力状况，为模具精加工的高速度、高精度提供了良好的切削条件。

④ 精加工　精加工一般采用小直径刀具、小切削间距、小公差值进行切削加工。

表 9-7 是塑料模具加工的工艺顺序和相应的工艺参数。

表 9-7 塑料模具加工的工艺顺序和相应的工艺参数

加工顺序	刀具	主轴转数/(r/min)	进给速度/(mm/min)	切削公差/mm	背吃刀量/mm	切削间距/mm	加工余量/mm
粗加工	$\phi60(R30)$	800	400	0.20	1.5	20.0	1.0
半精加工	$\phi50(R25)$	1500	1000	0.05	1.2	2.0~5.0	0.2
清根加工	$\phi2(R1)$-$\phi10(R5)$	10000~40000	2000~4000	0.01	0.2~0.5	0.1~0.3	0
精加工	$\phi6(R3)$-$\phi16(R8)$	10000~20000	6000~8000	0.01	0.2~0.5	0.1~0.3	0

（6）高速铣加工实例 图 9-21 所示定模镶件（用高速铣加工图中"天津轻工职业技术学院"字体），字体深度要求为 0.2mm，材料 P20（相当于国产 3Cr2Mo），硬度为 28～32HRC 表面粗糙度 $Ra0.8\mu m$。

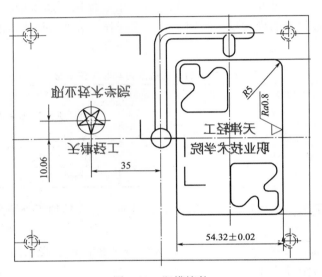

图 9-21 塑模镶件

由于加工形状复杂、精度要求较高、加工深度 0.2mm 较浅等，选用高速铣削进行加工。

加工采用加工中心机床，选用表 9-8 所示参数对字体进行加工。

表 9-8 字体加工参数表

切削转数/(r/min)	刀具直径/mm	刀具进给/(M/min)	每层切削深度/mm	总切削深度/mm
10000	0.2	250	0.02	0.2

任务一 塑模中定模镶件的加工

【任务描述】

（一）定模镶件的应用及在塑模中的作用

整体嵌入（镶件）式凸模（凹模）适用于小型、多型腔注塑模具或需要节约优质材料的场合，它的特点是其型腔部分仍用整体材料加工制造而成，但它们必须嵌入到固定板或特制的模套中才能使用。整体嵌入式凸模（凹模）结构能节约优质模具钢，嵌入模板后有足够强度与刚度，使用可靠且置换方便。

本模具就属整体嵌入（镶件）式凸模（凹模），此动模镶件的加工精度决定着制品的相对质量。

（二）零件工艺性分析（见图 9-22 定模镶件）

此零件为定模镶件，它与定模板组成型腔。

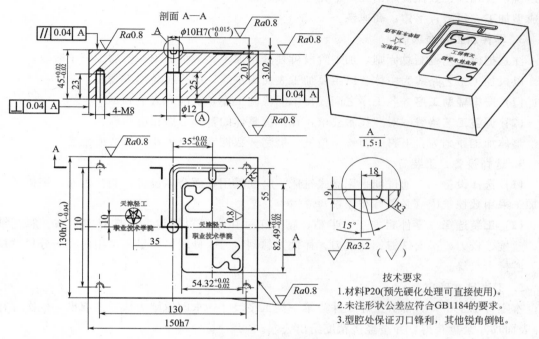

图 9-22　定模镶件

（1）零件材料　P20（相当于国产 3Cr2Mo）塑胶模具钢，具有综合力学性能好、淬透性高，可使较大的截面获得较均匀的硬度，有很好的抛光性能，表面粗糙度好（数值低），预先硬化处理，经机加工后可直接使用，必要时可表面氮化处理。

（2）零件组成表面　平面、孔系、异型曲面、五角星凹面、凹字体、螺纹等。

（3）零件的主要表面　制件异形表面；定模镶件与定模板配合面；φ10H7 与浇口套配合孔、五角星凹面等。

（4）主要技术条件分析　型腔表面 Ra0.8；配合部位尺寸精度（130h7×150h7）尺寸精度 IT7 级、表面粗糙度 Ra0.8。

【任务实施】　零件制造工艺设计

1. 毛坯选择

按零件结构及使用的要求选择 P20（相当于国产 3Cr2Mo）材料，尺寸为 160mm×140mm×50mm。

2. 零件各表面终加工方法及加工路线

（1）主要表面可能采用的加工方法　型腔部位按尺寸精度 IT7 级、表面粗糙度

$Ra0.8\mu m$，应采用数控铣、研磨加工（或高速铣）即可；$\phi 10H7$ 应采用钻—扩—精铰；外形尺寸为 $150h7\times 130h7\times 45\pm 0.02$ 应采用粗铣—半精铣—磨来保证；字体用高速铣完成。

(2) 其他表面终加工方法　结合表面加工及表面形状特点，其他各孔及曲面加工采用数控铣床加工完成。

综合考虑后确定各表面加工路线为：

配合外平面（$150h7\times 130h7\times 45\pm 0.02$）：铣削—磨削；制件成型面：数控铣—研磨或高速铣；各孔系：数控铣床钻孔—扩孔—精铰；螺纹：钻孔—扩孔—攻丝；五星凹面：电火花成型加工—研磨；字体：高速铣。

3. 零件加工路线编制

注意把握工艺编制总原则，加工阶段可划分粗加工、半精加工、精加工三个阶段。

以机加工工艺路线为主体。以主要加工表面为主线，穿插次要加工表面。

(1) 安排辅助工序　各工序之间安排中间检验工序，铣削后去毛刺。

(2) 调整工艺路线　对照技术要求，在把握整体的基础上做相应调整。

整体加工原则为：下料—粗铣—精铣—磨削—数控铣—电火花—研磨或抛光。

4. 选择设备、工装

(1) 选择设备　普通铣削采用立式铣床；磨削采用平面磨床设备；制件表面、字体及孔系加工采用数控铣床（必须有高速铣）。

(2) 工装选择　零件粗加工、半精、精加工采用平口钳固定。刀具有中心钻、麻花钻头、丝锥、铰刀、平面铣刀、球铣刀、棒铣刀、刻字刀、砂轮等。量具选用内径千分尺、量规、游标卡尺等。

5. 工序尺寸确定

本零件加工中，大部分工序尺寸为第一类工序尺寸，求解原则为从后往前推，依次弥补（外表面加）余量获得，并按经济精度给出公差。

根据该零件的尺寸精度、几何精度及表面粗糙度的要求，确定加工工艺方案（参考）。

工序号	工序名称	工序内容的要求	加工设备	工艺装备
1	备料	按尺寸 160mm×140mm×50mm 备 P20（相当于国产 3Cr2Mo)料		
2	铣削	粗、铣削六面 150.6mm×130.6mm×45.6mm 留 0.6mm 后序加工余量	平面铣床	标准虎钳、平面铣刀等
3	磨削	磨六面 $150h7\times 130h7\times 45\pm 0.2$ 至尺寸,保证表面粗糙度要求	平面磨床	砂轮等
4	数控铣	钻—扩—铰 $\phi 10H7$ 孔至尺寸并保证位置度要求和表面粗糙度要求；铣浇道至尺寸；铣异形型腔留后序研磨量及五星凹面；钻-扩螺纹底孔、加工 M8 螺纹孔等	数控铣床	标准虎钳、各种钻头、$\phi 10H7$ 铰刀、球铣刀、棒铣刀、M8 丝锥等
5	高速铣	加工："天津轻工职业技术学院"凹字体	加工中心（有高速铣）	$\phi 0.2$ 刻字刀等
6	电火花加工	加工五星凹面部位	电火花成型机	标准虎钳、五角星电极等
7	研磨	研磨异形型腔及五星凹面达表面粗糙度要求		研磨工具、研磨膏
8	检验	按图纸要求进行检验		卡尺、内径千分尺等

任务二　塑模中动模镶件的加工

【任务描述】

（一）动模镶件的应用及在塑模中的作用

整体嵌入式凹模（凸模）适用于小型、多型腔注塑模具或需要节约优质材料的场合，它的特点是其型腔部分仍用整体材料加工制造而成，但它们必须嵌入到固定板或特制的模套中才能使用。整体嵌入式凹模（凸模）结构能节约优质模具钢，嵌入模板后有足够强度与刚度，使用可靠且置换方便。

本模具就属整体嵌入式凹模（凸模），此动模镶件如图9-23所示加工精度决定着制品的相对质量。

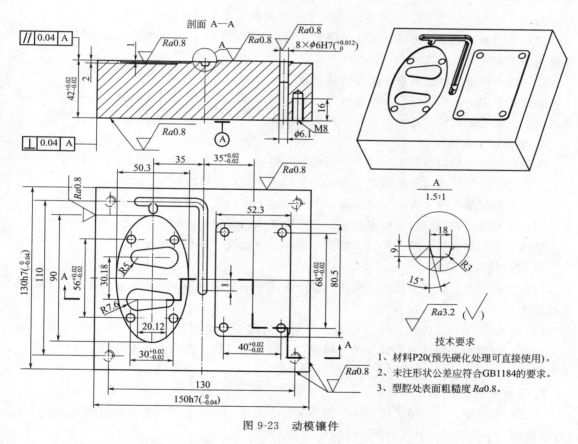

图 9-23　动模镶件

技术要求
1、材料P20(预先硬化处理可直接使用)。
2、未注形状公差应符合GB1184的要求。
3、型腔处表面粗糙度 Ra0.8。

（二）零件工艺性分析

此零件为动模镶件与动模板组成为一个整体型腔。

（1）零件材料　P20（相当于国产3Cr2Mo）塑胶模具钢，具有综合力学性能好，淬透性高，可使较大的截面获得较均匀的硬度，有很好的抛光性能，表面粗糙度好（数值低），预先硬化处理，经机加工后可直接使用，必要时可表面氮化处理。

（2）零件组成表面　平面、孔系、异型曲面、螺纹等。

（3）**零件的主要表面**　制件椭圆型腔及凹面型腔；动模镶件与动模板配合面；$\phi6H7$ 与顶杆配合孔等。

（4）**主要技术条件分析**　型腔及异形凹面表面 $Ra0.8$；配合部位尺寸精度 IT7 级、表面粗糙度 $Ra0.8$。

【任务实施】　零件制造工艺设计

1. 毛坯选择

按零件结构及使用的要求选择 P20（相当于国产 3Cr2Mo）材料，尺寸为 160mm×140mm×50mm

2. 零件各表面终加工方法及加工路线

（1）**主要表面可能采用的加工方法**　型腔部位按尺寸精度 IT7 级、表面粗糙度 $Ra0.8\mu m$，应采用数控铣、研磨加工（或高速铣）即可；$\phi6H7$ 应采用钻—扩—精铰；外形尺寸为 150h7×130h7×42±0.02 应采用粗铣—半精铣—磨来保证。

（2）**其他表面终加工方法**　结合表面加工及表面形状特点，其他各孔及曲面加工采用数控铣床加工完成。

（3）**综合考虑后确定各表面加工路线**

配合外平面：铣削—磨削；制件成型面及凹面：数控铣—研磨或高速铣；各孔系：数控铣床钻孔—扩孔—精铰；螺纹：钻孔—扩孔—攻丝。

3. 零件加工路线编制

注意把握工艺编制总原则，加工阶段可划分粗加工、半精加工、精加工三个阶段。

以机加工工艺路线为主体。以主要加工表面为主线，穿插次要加工表面。

（1）**安排辅助工序**　各工序之间安排中间检验工序，铣削后去毛刺。

（2）**调整工艺路线**　对照技术要求，在把握整体的基础上做相应调整。

整体加工原则为：下料—粗铣—精铣—磨削—数控铣—研磨或抛光。

4. 选择设备、工装

（1）**选择设备**　铣削采用立式铣床、磨削采用平面磨床设备、制件表面及孔系加工采用数控铣床。

（2）**工装选择**　零件粗加工、半精、精加工采用平口钳固定。刀具有中心钻、麻花钻头、丝锥、铰刀、平面铣刀、球铣刀、棒铣刀、砂轮等。量具选用内径千分尺、量规、游标卡尺等。

5. 工序尺寸确定

本零件加工中，大部分工序尺寸为第一类工序尺寸，求解原则为从后往前推，依次弥补（外表面加）余量获得，并按经济精度给出公差。

根据该零件的尺寸精度、几何精度及表面粗糙度的要求，确定以下工艺方案。

工序号	工序名称	工序内容的要求	加工设备	工艺装备
1	备料	材料 P20（相当于国产 3Cr2Mo）　尺寸 160mm×140mm×50mm		
2	铣削	粗、精铣削六面 150.6mm×130.6mm×45.6mm，留 0.6mm 后序加工余量	平面铣床	标准虎钳、平面铣刀等

工序号	工序名称	工序内容的要求	加工设备	工艺装备
3	磨削	磨六面 150h7×130h7×42±0.2 至尺寸、保证尺寸精度及表面粗糙度	平面磨床	砂轮等
4	数控铣	钻—扩—铰 φ6H7、φ6.1孔至尺寸并保证位置精度；要求和表面粗糙度要求；铣浇道至尺寸；铣椭圆型腔及凹面型腔留后序研磨量；钻—扩螺纹底孔、加工 M8 螺纹孔	数控铣床	平口虎钳、各种钻头、φ6H7 铰刀、球头铣刀、棒铣刀、M8 丝锥等
5	钳工	研磨椭圆型腔及凹面型腔并保证精度要求		研磨工具、研磨膏等
6	检验	按图纸要求进行检验		卡尺、内径千分尺等

【实做练习】

如图 9-24 所示动模镶件，试做出该件的加工工艺方案。

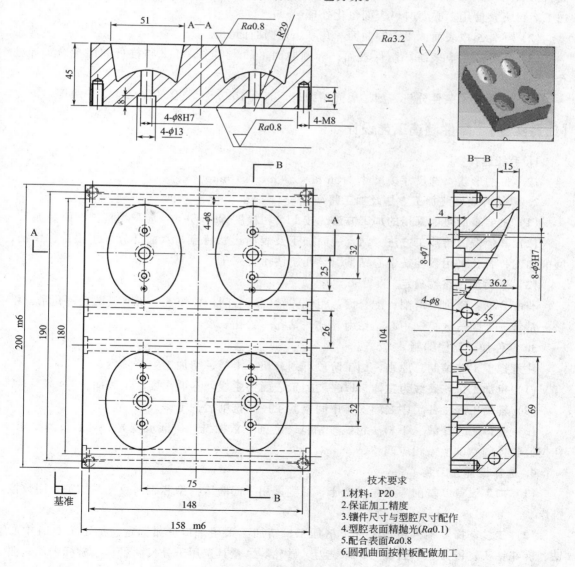

技术要求
1.材料：P20
2.保证加工精度
3.镶件尺寸与型腔尺寸配作
4.型腔表面精抛光(Ra0.1)
5.配合表面 Ra0.8
6.圆弧曲面按样板配做加工

图 9-24　动模镶件

【复习思考题】

① 点火花加工时，如何提高加工的速度？提高加工质量的途径有哪些？

② 为什么在塑料模具型芯、型腔零件加工中，通常要进行研磨或抛光处理？

任务三　整体式凸模的加工

【任务描述】

此零件为一个整体型芯，如图 9-25 所示。

(1) 零件材料　美国 P20 塑胶模具钢，具有综合力性能好、淬透性高、可使较大的截面获得较均匀的硬度，有很好的抛光性能，表面粗糙度好（数值低），预先硬化处理，经机加工后可直接使用。必要时可表面氮化处理。

(2) 零件组成表面　平面、曲面、孔系、椭圆曲面等。

(3) 零件的主要表面　制件表面；椭圆曲面；$\phi6$ 与顶杆、$\phi12$ 与推杆间隙配合、导柱孔、圆柱销孔等。

(4) 主要技术条件分析　型芯表面精抛光，其余 $Ra0.8$；配合部位尺寸 IT7 级等。

【任务实施】　零件制造工艺设计

1. 毛坯选择

按零件的形状，选尺寸按尺寸 310mm×260mm×70mm。

2. 零件各表面终加工方法及加工路线

(1) 主要表面可能采用的加工方法　按 IT7 粗糙度 $Ra0.8\mu m$，应采用精铣、研磨加工。

(2) 其他表面终加工方法　结合表面加工及表面形状特点，六面部分采用粗铣、精铣、磨削加工；各孔采用数控铣中心钻钻引导孔、钻孔、铰孔。

(3) 表面加工路线确定

非配合面：铣削—磨削；配合面：粗铣—精铣—磨削—数控铣—研磨或抛光；孔系：粗铣—精铣—磨削—数控铣中心钻钻引导孔—钻孔—铰孔—攻丝。

3. 零件加工路线编制

注意把握工艺编制总原则，加工阶段可划分粗、半精、精加工三个阶段。

(1) 机加工工艺路线为主体　以主要加工表面为主线，穿插次要加工表面。

(2) 辅助工序　各工序之间安排中间检验工序，铣削后去毛刺。

(3) 整体工艺路线　下料—粗铣—精铣—磨削—数控铣—研磨或抛光。对照技术要求，在把握整体的基础上做相应调整。

4. 选择设备、工装

(1) 加工设备　铣削采用立式铣床，磨削采用平面磨床，型芯表面及孔系加工采用数控铣床。

(2) 工装选择　零件粗加工、半精加工、精加工采用平口虎钳固定。加工刀具有中心钻、麻花钻头、铰刀、平面铣刀、球铣刀、砂轮等。量具选用千分尺、量规、游标卡尺、曲面样板等。

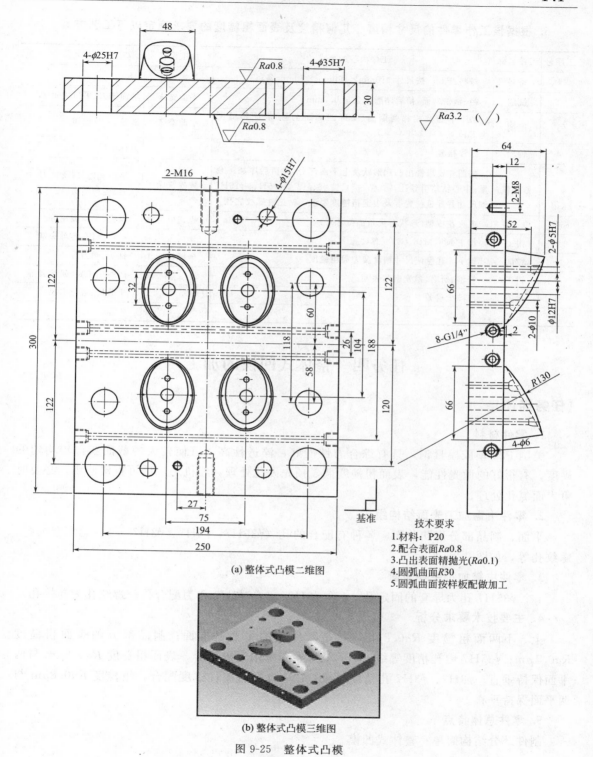

(a) 整体式凸模二维图

(b) 整体式凸模三维图

图 9-25　整体式凸模

技术要求
1.材料：P20
2.配合表面Ra0.8
3.凸出表面精抛光(Ra0.1)
4.圆弧曲面R30
5.圆弧曲面按样板配做加工

5. 工序尺寸确定

本零件加工中，大部分工序尺寸为第一类工序尺寸，求解原则为从后往前推，依次弥补（外表面加）余量获得，并按经济精度给出公差。

6. 根据该工作零件的尺寸精度、几何精度及表面粗糙度的要求确定以下工艺方案。

工序号	工序名称	工序内容的要求	加工设备	工艺装备
1	备料	材料:P20 按尺寸 310mm×260mm×70mm 备料		
2	铣削	粗、精铣六面,留后序磨削余量 0.6mm	平面铣床	平面铣刀、平口虎钳等
3	磨削	磨下平面及相邻两侧面(实际四侧面全磨)表面粗糙度为 Ra0.8	平面磨床	砂轮、平口虎钳
4	检验	工序检验		游标卡尺
5-1	数控铣	按图样要求铣出凸起形状及上平面部分,并留后序加工余量;中心钻钻引导孔,钻(钻、扩)、铰 φ5、φ12,4-φ25H、4-φ15H7 到尺寸并保证位置度及表面粗糙度要求。钻三种螺纹底孔。	数控铣床	平口虎钳、球头铣刀、棒铣刀、各种钻头、铰刀等
5-2	电火花	电火花成型(形状有尖角部位才有)	电火花成型机	电极、平口虎钳等
6	钳工	加工 M8、M16、G1/4″螺纹孔		平口虎钳、各种丝锥
7	镗削	镗 φ35 孔保证尺寸精度及表面粗糙度	坐标镗床	钻头、镗刀等
8	钳工	修整、研磨、抛光型芯表面		研磨用工具、研磨膏等
9	检验	按图纸检验		千分尺、数显卡尺
10	钳工	总装配		

任务四　整体式凹模的加工

【任务描述】

1. 零件材料

美国 P20 塑胶模具钢,具有综合力性能好,淬透性高,可使较大的截面获得较均匀的硬度,有很好的抛光性能,表面粗糙度低,预先硬化处理,经机加工后可直接使用,必要时可表面氮化处理。

2. 零件中需加工表面结构组成

平面、制品部分形状曲面、各种有配合的孔（φ35H7、φ8H7、φ3H7 等）、无配合的孔、螺纹孔等,如图 9-26 所示。

3. 零件中需加工主要表面

4 个 φ35H7 孔为导套的固定孔,4 个 φ8H7、8 个 φ3H7 孔为配合孔;螺纹孔为连接孔。

4. 主要技术要求分析

上、下两面粗糙度 Ra0.8μm,它是零件上的主要基准面;制品部分的表面粗糙度 Ra0.1μm;φ35H7 内孔精度等级:IT7 级与导套采用过盈配合、表面粗糙度 Ra0.8μm 与两平面保持垂直;φ8H7、φ3H7 孔精度等级:IT7 分别与镶件过度配合,粗糙度 Ra0.8μm 与两平面保持垂直。

5. 零件总体特点

制件部分结构简单;整体式凹模。

【任务实施】　零件制造工艺编制

1. 毛坯选择

按零件的形状,选尺寸 310mm×260mm×70mm。

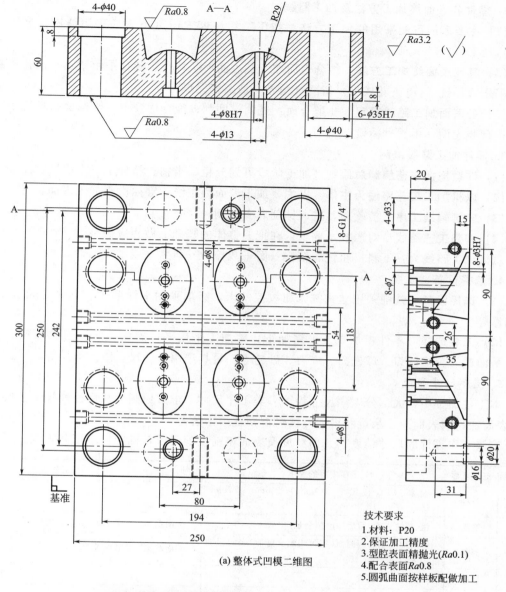

(a) 整体式凹模二维图

技术要求
1.材料：P20
2.保证加工精度
3.型腔表面精抛光(Ra0.1)
4.配合表面Ra0.8
5.圆弧曲面按样板配做加工

(b) 整体式凹模三维图

图 9-26　整体式凹模

2. 零件各表面终加工方法及加工路线

(1) 主要表面可能采用的加工方法 按 IT7 粗糙度 $Ra0.8\mu m$，应采用精铣、磨削（或研磨）加工。

(2) 其他表面终加工方法 结合表面加工及表面形状特点，各孔采用钻孔、铰孔；制品部分采用数控铣、（电火花成型）研磨（抛光）加工来完成。

(3) 各表面加工路线确定 非配合面：铣削—磨削；配合面及上、下两面：粗铣—精铣—磨；型腔表面：粗铣—精铣—研磨。

3. 零件加工路线编制

(1) 注意把握工艺编制总原则 加工阶段可划分粗、半精、精加工三个阶段。

(2) 以机加工工艺路线为主体 以主要加工表面为主线，穿插次要加工表面。

(3) 安排辅助工序 检验前，铣、钻削后去毛刺。

(4) 调整工艺路线 对照技术要求，在把握整体的基础上做相应调整。

总体加工路线为：下料—粗铣—精铣—磨—数控铣—研磨（或抛光）。

4. 选择设备、工装

(1) 选择设备 铣削采用立式铣床和数控铣床，磨削采用平面磨床、电火花成型设备、坐标镗等。

(2) 工装选择 零件粗加工、半精加工、精加工采用平口虎钳固定。刀具有钻头、铰刀、平面铣刀、棒铣刀、球铣刀、镗刀、砂轮等。量具选用千分尺，游标卡尺等。

5. 工序尺寸确定

本零件加工中，大部分工序尺寸为第一类工序尺寸，求解原则为从后往前推，依次弥补（外表面加、内表面减）余量获得，并按经济精度给出公差。

按该工作零件的尺寸精度、几何精度及表面粗糙度的要求，确定以下工艺方案。

工序号	工序名称	工序内容的要求	加工设备	工艺装备
1	备料	材料：P20，按尺寸 310mm × 260mm × 70mm 备料		
2	铣削	粗、精铣六面，留后序磨削余量	平面铣床	平面铣刀、平口虎钳等
3	磨削	磨两面及相邻两侧面（实际四侧全磨面）表面粗糙度为 $Ra0.8$	平面磨床	砂轮等
4	检验	用游标卡尺检验		
5-1	数控铣	按图样要求铣出型腔留后序加工余量；$\phi35$ 孔留加工余量 0.6；钻螺孔底孔；$\phi8H7$、$\phi3H7$ 孔钻、铰保证尺寸精度及表面粗糙度；其他各孔取钻、扩至尺寸	数控铣床	平口虎钳、各种钻头、各种铰刀等
5-2	电火花	电火花成型（型腔有尖角部位才有）	电火花成型机	电极、虎钳
6	钳工	攻螺纹		平口虎钳、丝锥等
7	镗削	$\phi35$ 孔保证尺寸精度及表面粗糙度	坐标镗床	钻头、镗刀等
8	钳工	研磨型腔；修整等		研磨用工具、研磨膏等
9	检验	按图纸检验		千分尺、数显卡尺等
10	钳工	总装配		

项目十 其他结构零件的加工

【学习目标】

① 其他零件加工，特别是斜滑块的加工所具有的基础知识。

② 了解其他零件的结构特征。

③ 了解其他零件的工艺要求。

④ 掌握其他零件加工中特种加工方法的应用。

【职业技能】

① 了解零件的结构及技术要求对加工的影响。

② 能根据零件工艺性分析的结果正确选取加工方法。

③ 具有编制成型零件的加工工艺的能力。

任务一 滑块的加工

【任务描述】

编制工艺前对滑块零件在整套模具中的作用，以及零件的形状、尺寸精度、位置精度、表面粗糙度要求及其他技术要求进行如下分析。

1. 注塑模具滑块在注塑模具中的功用

在注塑模具中，当注射成型带有侧凹或侧孔的塑料制品时，模具必需带有测向分型或侧向抽芯机构。滑块在开模和合模时，在滑道中滑动，要求滑块滑动平稳，没有阻滞现象，注射成型和抽芯的可靠性需要它的运动精度保证。因此，滑块是侧向抽芯机构的重要组成零件。

2. 滑块结构特点、尺寸精度、位置精度、表面粗糙度及技术要求分析

滑块的加工主要是非圆形截面的加工，其复杂截面的加工常用电火花及线切割方法。在加工中常根据其截面形状的复杂程度采用分开加工、配合加工两种形式。

本模具滑块属盘套类零件，尺寸精度、位置精度、表面粗糙度及技术要求如下参见图10-1。

(1) 形状特点 外形为 144mm×38mm×32mm 的六面体，在两个不同方向上有斜面。在零件 144×32 的表面上有 2 个相同的复杂形状型腔，制件出模斜度为 1°，另外有 2 个 M8 的螺钉孔深 15mm。

(2) 尺寸精度 属 IT7 级精度，滑动部分与动模板配作。

2 个 φ10mm 的圆柱销孔尺寸公差为 0.016mm，属 IT7 级精度。

(3) 位置精度 相邻表面的从工作要求上型孔的轴线应垂直于上下两个平面，2 个圆柱

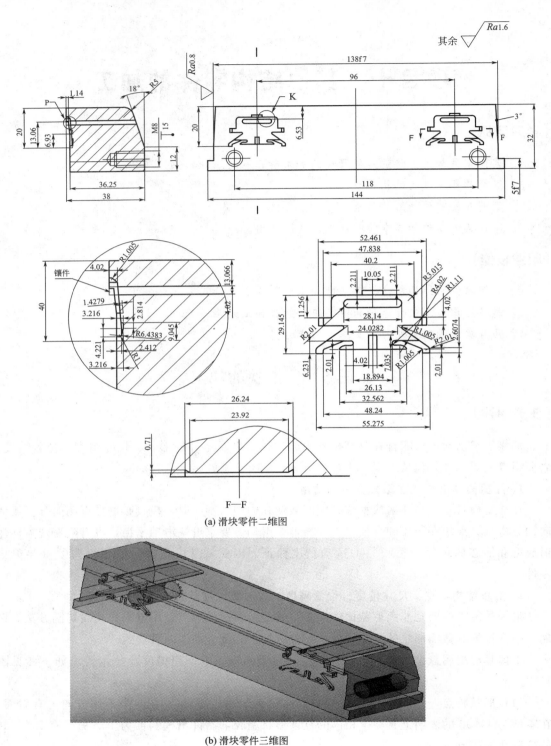

(a) 滑块零件二维图

(b) 滑块零件三维图

图 10-1　滑块零件图

销孔的位置与 4 个 M10 螺钉孔的位置有要求。

　　(4) 表面粗糙度　两 30 斜面的粗糙度要求为 $Ra0.8$，其余外表面粗糙度要求为 $Ra1.6$，型腔底面的表面粗糙度要求为 $Ra0.1$。

（5）技术要求　材料：T8钢，件数：2件（对称各1），属单件小批生产，热处理要求硬度 $45\sim50$HRC。

3. 零件工艺性分析

（1）零件材料　T8钢，退火状态时切削加工性良好，在淬火前无特殊加工问题，故加工中不需采取特殊工艺措施。刀具材料选择范围较大，高速钢或YT硬质合金均可达到要求。刀具几何参数可根据不同刀具类型通过相关表格查取。

（2）零件组成表面　平面、斜面、异形型腔、螺纹孔等。

（3）零件结构分析　异形型腔之间的位置尺寸要求比较严格，两3°斜面和尺寸5f7平台为滑动配合表面，尺寸精度要求较高，型腔深度有严格要求，与镶件配合。

（4）主要技术要求分析　异形型腔部位表面粗糙度为 $Ra0.1\mu m$、配合部位表面粗糙度 $Ra0.8\mu m$，与动模板配做、其余各面表面粗糙度为 $Ra1.6\mu m$，该零件制作对称的2件，滑动部位局部或整体硬度要求 $45\sim50$HRC。

零件总体特点：为带异形型腔的模具零件。

【任务实施】　零件制造工艺编制

1. 毛坯选择

按零件特点，可选锻件：尺寸 $155mm\times48mm\times42mm$。

2. 零件各表面加工方法及加工路线

（1）主要表面可能采用的加工方法　零件中对加工尺寸精度IT7级，表面粗糙度 $Ra1.6\mu m$ 或表面粗糙度 $Ra0.8\mu m$，应采用精铣或磨削加工，异形型腔部位表面粗糙度 $Ra0.1\mu m$，应采用数控铣、电火花、研磨、抛光加工来完成。

（2）选择确定　按零件材料、批量大小、现场条件等因素，并对照各加工方法特点及适用范围确定。

（3）各表面加工路线确定　结合表面加工及表面形状特点，配合表面：粗铣—半精铣—精铣—磨削；其余平面：粗铣—半精铣—精铣，异形型腔采用数控铣—电火花加工—研磨，螺纹孔采用钻—扩—攻丝加工。

3. 零件加工路线编制

注意把握工艺编制总原则，加工阶段可划分粗加工、半精加工、精加工、光整加工4个阶段进行。

以机加工工艺路线为主体，以主要加工表面为主线，穿插次要加工表面。

（1）安排辅助工序　零件加工过程中安排中间检验工序，在检验前，铣、钻削后应去毛刺。

（2）调整工艺路线　对照技术要求，在把握整体加工路线的基础上可作适当调整。总体加工路线为：下料—粗铣、半精铣—平磨—画线—钻—数控铣—热处理—电火花—抛光。

4. 选择设备、工装

（1）选择设备　铣削采用立式铣床、钻削采用台式钻床、磨削采用平面磨床、数控铣削采用数控铣。

（2）工装选择　零件粗加工、半精加工、精加工采用平口虎钳安装。刀具有铣刀，麻花钻、丝锥、砂轮、研磨工具等。量具选用千分尺，游标卡尺，三坐标测量仪等。

5. 工序尺寸确定

本零件加工中，大部分工序尺寸为第一类工序尺寸，求解原则为从后往前推，依次弥补（外表面加，内表面减）余量获得，并按经济精度给出公差。

6. 填写工艺文件（工序过程卡）。

根据该零件的尺寸精度、几何精度及表面粗糙度等的要求，确定以下加工工艺方案（参考）。

工序	工序名称	工序内容的要求	加工设备	工艺装备
1	备料	按尺寸 150mm×45mm×40mm 备锻件		
2	热处理	退火处理		
3	铣削	粗铣、半精铣六面，各面尺寸留后序磨削余量 1mm（暂不出斜面）	普通铣床	标准虎钳、平面铣刀等
4	磨削	磨光平面厚度达 144.4mm×32.4mm×38.4mm，保垂直度 0.02/100mm	平面磨床	砂轮等
5	钳工	①画线；②钻孔；③攻丝：攻螺纹孔到尺寸	平台	钻头、M8 丝锥等
6	铣削	精铣各部斜面、圆角等至尺寸	数控铣床	标准虎钳、平面铣刀、棒铣刀、分度盘等
7	检验	工序中间检验		卡尺、千分尺
8	热处理	硬度 45～50HRC		
9	磨削	磨光平面厚度达 144mm×32mm×38mm，保垂直度 0.02/100mm	平面磨床	砂轮
10	电火花加工	按粗、精加工顺序，加工型腔尺寸留研磨量	电火花成型机	标准虎钳、电极等
11	钳工	研磨异形型腔达表面粗糙度要求		研磨工具、研磨膏等
12	检验	按照图纸检验		卡尺、千分尺、三坐标测量仪

任务二　　浇口套的加工

【任务描述】

编制工艺前对浇口套零件在整套模具中的作用，以及零件的形状、尺寸精度、位置精度、表面粗糙度要求及其他技术要求进行如下分析。

1. 注塑模具浇口套在注塑模中的功用

在注塑模具中，熔融的塑料通过浇口套注射到模腔中，要求浇口套外圆柱 $\phi 10h6$ 与定模板上相应的孔间隙配合，$\phi 10m6$ 与定模固定板内孔过渡配合。由于注射成型时浇口套要与高温塑料熔体和注射机喷嘴反复接触和碰撞，浇口套一般采用 45 钢或 T8A 制造，热处理淬火硬度 40～45HRC 或 50～55HRC（局部）。

2. 浇口套结构特点、尺寸精度、位置精度、表面粗糙度及技术要求分析

浇口套的加工主要是内锥孔、外圆柱表面的加工。另外，还有凹形球面。其内锥孔尺寸小，相比其他轴套类零件难加工，同时还要应保证浇口套锥孔与外圆同轴，以便在模具安装时通过定位圈使浇口套与注射机的喷嘴对准。

本模具零件浇口套属盘套类零件，尺寸精度、位置精度、表面粗糙度及技术要求见图10-2。

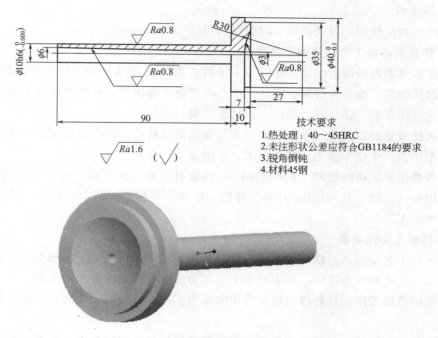

技术要求
1.热处理：40～45HRC
2.未注形状公差应符合GB1184的要求
3.锐角倒钝
4.材料45钢

图 10-2　浇口零件图

（1）形状特点　外形为直径 $\phi40/\phi10$ 阶梯轴、内锥孔小端尺寸为 $\phi3mm$、大端尺寸为 $\phi6mm$。成品长度 90mm。

（2）尺寸精度　外形 $\phi10h6/\phi10m6$ 分别与定模板和定模座板相应孔配合，$\phi10h6/\phi10m6$ 精度要求较高。

（3）位置精度　保证浇口套锥孔与外圆同轴，与两端面垂直，公差等级按尺寸公差一半掌握。

（4）表面粗糙度　主要配合表面为 $Ra0.8\mu m$、内锥孔为 $Ra0.8\mu m$ 球面 $Ra0.8\mu m$，其余各表面均为 $Ra3.2\mu m$。

（5）技术要求　材料：45 钢，件数：1 件 属单件小批生产，热处理要求 40～45HRC。

3. 零件工艺性分析

（1）零件材料　45 钢，中碳钢切削加工性很好，加工中不需采取特殊工艺措施。刀具材料选择范围较大，高速钢或 YT 硬质合金均可达到要求。刀具几何参数可根据不同刀具类型通过相关表格查取。

（2）零件组成表面　两端面、内锥孔、凹球面、外圆柱阶梯轴等。

（3）零件结构分析　外圆柱 $\phi10m6$ 与定模座板过渡配合，$\phi10h6$ 与定模板间隙配合，并与两端面垂直。

（4）主要技术要求分析　内锥孔与外圆同轴、与两端面垂直，表面粗糙度 $Ra0.8\mu m$，外圆柱配合表面粗糙度 $Ra0.8\mu m$，热处理：40～45HRC。

零件总体特点：零件属典型套类结构零件。

【任务实施】　零件加工工艺编制

1. 毛坯选择

按零件结构及使用的要求选择 45 钢棒材，尺寸为 $\phi45mm \times 100mm$。

2. 零件各表面加工方法及加工路线

(1) 主要表面可采用的加工方法　按 IT6 级，粗糙度 $Ra0.8\mu m$，应采用精加工。

(2) 选择确定　按零件材料、批量大小、现场条件等因素，并对照各加工方法特点及适用范围确定采用车削、钻、铰、磨削（回转型表面）。

(3) 其他表面加工方法　结合表面加工及表面形状特点，内孔采用钻、电火花加工；外园采用粗车加工、半精车加工、精车加工、磨削加工。

(4) 各表面加工路线选取　$\phi3mm/\phi6mm$ 内锥孔：钻—扩—铰（批量生产用专用刀具、单件生产用电火花加工）；$\phi10h6/\phi10m6$ 外圆：粗车—半精车—精车—磨削；其余各面：粗车—半精车加工。

3. 零件加工路线编制

注意把握工艺编制总原则，加工阶段可划分粗加工、半精加工、精加工三个阶段。

以机加工工艺路线为主体，以主要加工表面为主线，穿插次要加工表面。

(1) 安排辅助工序　热处理之前安排中间检验工序，检验前、车削后应安排钳工去毛刺工序。

(2) 调整工艺路线　对照技术要求，在把握整体加工原则的基础上可做适当调整。

4. 选择设备、工装

(1) 选择设备　车削采用卧式车床、磨削采用外圆磨床、电加工采用电火花成型机床。

(2) 工装选择　零件粗加工、半精加工、精加工采用三爪夹盘安装。刀具有车刀、电加工用电极、麻花钻、砂轮等。量具选用游标卡尺、千分尺、量规等。

5. 工序尺寸确定

本零件加工中，大部分工序尺寸为第一类工序尺寸，求解原则为从后往前推，依次弥补（外表面加，内表面减）余量获得，并按经济精度给出公差。

6. 填写工艺文件（工序过程卡）

据该工作零件的尺寸精度、几何精度及表面粗糙度的要求，确定以下加工工艺方案（参考）。

方案一　单件生产：

工序号	工序名称	工序内容的要求	加工设备	工艺装备
1	备料	备圆棒料:45 钢 按尺寸 $\phi45mm \times 110mm$ 备料		
2	车削加工	车外圆 $\phi35/\phi40$ 到尺寸、$\phi10h6/\phi10m6$.留磨量 $0.4\sim0.6mm$,车两端面,保长度尺寸 100.3mm,钻内孔 $\phi2.7mm$,粗糙度 $1.6\mu m$;车球面 $SR30$ 到尺寸,其余各面达设计要求	卧式车床	三爪、钻头、球面车刀、外圆车刀等
3	检验	中间工序检验		卡尺、千分尺
4	热处理	淬火＋低温回火;硬度 40～45HRC		

续表

工序号	工序名称	工序内容的要求	加工设备	工艺装备
5	电加工	用电火花加工内锥孔到尺寸要求	电火花成型机床	专用电极
6	磨削	以内锥孔定位磨削 ϕ10m6/ϕ10h6 达图纸要求	万能磨床	砂轮
7	研磨	研磨 SR30 及内锥孔保证表面粗糙度要求		研磨工具、研磨膏等
8	检验	按照图纸检验		千分尺、卡尺、量规等

方案二 成批生产：

工序号	工序名称	工序内容的要求	加工设备	工艺装备
1	备料	备棒料，下料：按尺寸 ϕ45mm×110mm 备料		
2	车削	车外圆 ϕ35/ϕ40 到尺寸、ϕ10h6/ϕ10m6. 留磨量 0.4~0.6mm，车两端面，保长度尺寸 110.3mm，钻内孔 ϕ2.8mm，钻锥孔 ϕ2.8mm/ϕ5.8mm 内锥孔，铰锥孔 ϕ3mm/ϕ6mm 内锥孔尺寸，粗糙度 Ra0.8；车球面 SR30 到尺寸，其余各面达设计要求	卧式车床	三爪、钻头、球面车刀、外圆车刀、专用车刀、专用铰刀等
3	检验	中间工序检验		卡尺、千分尺
4	热处理	淬火＋低温回火；硬度 40~45HRC		
5	磨削	以内锥孔定位磨削 ϕ10m6/ϕ10h6 达图纸要求	外圆磨床	砂轮
6	研磨	研磨 SR30 及 ϕ3mm/ϕ6mm 内锥孔		研磨工具、研磨膏
7	检验	按照图纸检验		千分尺、卡尺、量规

【实做练习】

如图 10-3 所示浇口套，试做出该件的加工工艺方案。

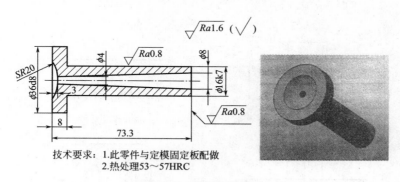

技术要求：1.此零件与定模固定板配做
　　　　　2.热处理53~57HRC

图 10-3　浇口套零件图

项目十一 注塑模具的装配与调试

【学习目标】

① 模架的装配。
② 型芯、型腔、浇口套的装配方法。
③ 掌握塑料模具在试模时容易产生的缺陷、原因及解决方法。

【职业技能】

① 各种零件的结构及技术要求对装配的影响。
② 能根据零件的各种装配关系，选取正确的装配方法。
③ 具有编制零件装配工艺的能力。
④ 具有简单注射模具调试能力。

任务一 注塑模具的装配方法

【相关知识】

（一）型芯的装配

由于塑料模的结构不同，型腔在固定板上的固定方式也不相同，常见的固定方式如图 11-1 所示。

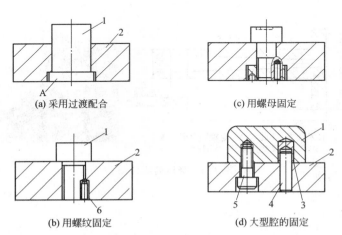

(a) 采用过渡配合　　　(c) 用螺母固定

(b) 用螺纹固定　　　(d) 大型腔的固定

图 11-1　型腔的固定方式

1—型腔；2—固定板；3—定位销套；4—定位销；5—螺钉；6—骑缝螺钉

图 11-1(a) 的固定方式的装配过程与装配带台肩的冷冲型腔相类似。在压入过程中要注意保证型腔的垂直度、不切坏孔壁和不使固定板产生变形。在型腔和型腔台肩的配合要求经

修配合后，在平面磨床上磨平端面 *A*（用等高垫铁支承）。

为保证装配要求应注意下列几点。

检查型腔高度及固定板厚度（装配后能否达到设计尺寸要求），型腔台肩平面应与型腔轴垂直。

固定板通孔与沉孔平面的相交处一般为 90°角，而型腔上与之相应的配合部位往往呈圆角（磨削时砂轮损耗形成），装配前应将固定板的上述部位修出圆角，避免对装配产生不良影响。

图 11-1(b) 所示固定方式，常用于热固性塑料压模。对某些有方向要求的型腔，当螺纹拧紧后型腔的实际位置与理想位置之间常常出现误差。

图 11-1(c) 所示螺母固定方式，对于某些有方向要求的型腔，装配时只需按设计要求将型腔调整到正确位置后，用螺母固定，使装配过程简便。这种固定形式适合于固定外形为任何形状的型腔，以及在固定板上同时固定几个型腔的场合。

图 11-1(b)、(c) 所示型腔固定方式，在型腔位置调好并紧固后要用骑缝螺钉定位。骑缝螺钉孔应安排在型腔淬火之前加工。

大型腔的固定方式如图 11-1(d) 所示。装配时可按下列顺序进行：

① 在加工好的型腔上压入实心的定位销套；

② 根据型腔在固定板上的位置要求，将定位块用平行卡头夹紧在固定板上，如图 11-2 所示；

③ 在型腔螺孔口部抹红粉，把型腔和固定板合拢，将螺钉孔位置复印到固定板上取下型腔，在固定板上钻螺钉过孔及锪沉孔；用螺钉将型腔初步固定；

④ 通过导柱、导套将卸料板、型腔和支承板装合在一起，将型腔调整到正确位置后拧紧固定螺钉；

⑤ 在固定板的背面划出销孔位置线，钻、铰销孔，打入销钉。

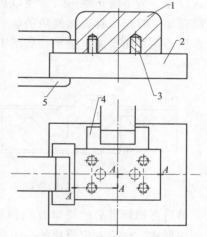

图 11-2　大型腔与固定板的装配
1—型腔；2—固定板；3—定位销套；
4—定位块；5—平行夹头

（二）型腔的装配

型腔的装配除了简易的注射模以外，一般注射模的型腔多采用镶嵌或拼块结构。图 11-3 所示的是圆形整体型腔镶块结构形式。型腔和动、定模板镶合后，其分型面要紧密贴合，因此，对于压入式配合的型腔，其压入端一般都不允许有斜度，通常将压入时的导入部分设在模板上，可在固定孔的入口处加工出 1°的导入斜度，其高度不超过 5mm。对于有方向要求的型腔，为了保证型腔的位置要求，在型腔压入模板一小部分后应用百分表检测型腔的直线部位 *A*，如果出现位置误差，可用管钳等工具将其旋

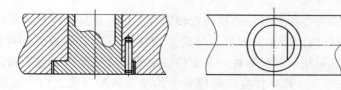

图 11-3　整体式型腔装配

转到正确位置,再压入模板。型腔与模板间保持 0.01～0.02mm 的配合间隙,在型腔装入模板后将位置找正,再用定位销定位。

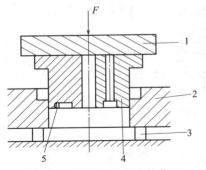

图 11-4 拼块结构型腔的装配
1—平垫板高垫板;2—模板;3—等高
垫板;4,5—型腔拼块

拼块结构的型腔,其型腔拼合面在热处理后要进行磨削加工。拼块两端都应留有加工余量,待装配完毕以后,再将两端和模板一起磨平。

为了不使拼块结构的型腔在压入模板的过程中各拼块在压入方向上产生错位,应在拼块的压入端放一块平垫板,通过平垫板一起移动。如图 11-4 所示。

(三) 浇口套的装配

浇口套与模板的配合一般采用 H7/m6。它压入模板后,其台肩应和沉孔底面贴紧。装配的浇口套,其压入端与配合孔间应无缝隙。所以,浇口套的压入端不允许有导入斜度,应将导入斜度开在模板上浇口套配合孔的入口处。为了防止在压入时浇口套将配合孔壁切坏,常将浇口套的压入端倒成小圆角。在浇口套加工时应留有去除圆角的修磨余量 Z,压入后使圆角突出在模板之外,如图 11-5 所示。然后在平面磨床上磨平,如图 11-6 所示。

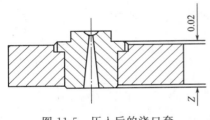

图 11-5 压入后的浇口套

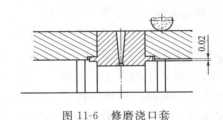

图 11-6 修磨浇口套

最后再把修磨后的浇口套稍微退出,将固定板磨去 0.02mm,重新压入后成为图 11-7 所示的形式。台肩对定模板的高出量 0.02mm 亦可采用修磨来保证。

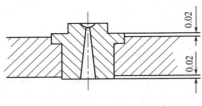

图 11-7 装配好的浇口套

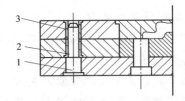

图 11-8 装配好的导柱、导套
1—导柱;2,3—导套

(四) 导柱和导套的装配

导柱、导套分别安装在塑料模的动模和定模部分上,是模具合模和启模的导向装置,如图 11-1 轻工校园卡注射模图所示。导柱、导套采用压入方式装入模板的导柱和导套孔内。对于不同结构的导柱所采用的装长导柱,在定模板上的导套装配方法也不同。短导柱可以采用图 11-9 所示的方法压入。长导柱应在定模板上的导套装配完成之后,以导套导向将导柱压入动模板内,如图 11-10 所示。导柱、导套装配后,应保证动模板在启模和合模时都能灵活滑动，无卡滞现象。

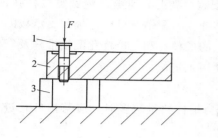

图 11-9 短导柱的装配

1—导柱；2—模板；3—平行垫铁

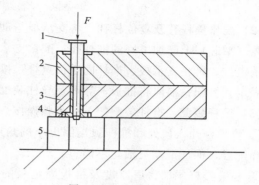

图 11-10 长导柱的装配

1—导柱；2—固定板；3—定模板；4—导套；5—平行垫铁

（五）推杆的装配

推杆为推出制件所用，其结构见图 11-11。推杆应运动灵活，尽量避免磨损。推杆由推杆固定板及推板带动运动。由导向装置对推板进行支承和导向。

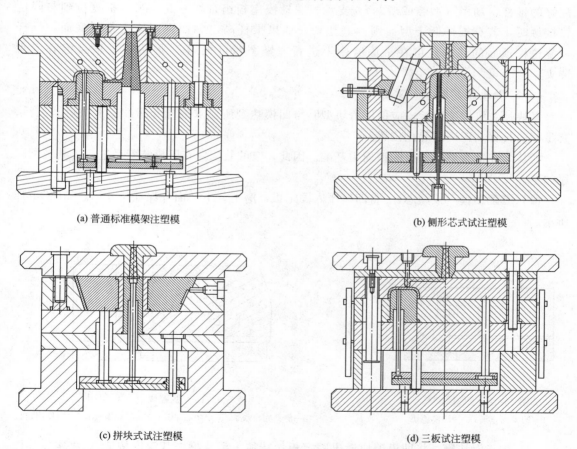

(a) 普通标准模架注塑模

(b) 侧形芯式试注塑模

(c) 拼块式试注塑模

(d) 三板试注塑模

图 11-11 不同形式的注射模中推杆

导柱、导套导向的圆形推杆可按下列顺序进行装配：

（1）配做导柱、导套孔　将推板、推杆固定板、支承板重叠在一起，配镗导柱、导套孔。

（2）配作推杆孔及复位杆孔　将支承板与动模板（型腔、型芯）重叠，配钻复位杆孔；按型腔（型芯）上已加工好的推杆孔，配钻支承板上的推杆孔。配钻时以固定板和支承板的定位销定位。再将支承板、推杆固定板重叠，按支承板上的推杆孔和复位杆孔配钻推杆及复位杆固定孔。配钻前应将推板、导套及导柱装配好，以便用于定位。

（3）推杆装配　推杆装配按下列步骤操作。

① 将推杆孔入口处和推杆顶端倒出小圆角或倒角；当推杆数量较多时，应与推杆孔进行选择配合，保证滑动灵活，不溢料。

② 检查推杆尾部台肩厚度及推板固定板的沉孔深度，保证装配后有 0.05mm 的间隙，对过厚者应进行修磨。

③ 将推杆及复位杆装入固定板，盖上推板，用螺钉紧固。

④ 检查及修磨推杆及复位杆顶端面当模具处于闭合状态时，推杆顶面应高出型面 0.05～0.10mm，复位杆端面低于分型面 0.02～0.05mm。上述尺寸要求受垫块和限位钉影响。所以，在进行测量前应将限位钉装入动模座板，并将限位钉和垫块磨到正确尺寸。将装配好的推杆、动模（型腔或型芯）、支承板、动模座板组合在一起。当推板复位到与限位钉接触时，若有推杆低于型面则修磨垫块。如果推杆高出型面则可修磨推板底面。推杆和复位杆顶面的修磨，可在平面磨床上进行，修磨时可采用 V 形铁或三爪自定心卡盘装夹。

（六）滑块抽芯机构的装配

滑块抽芯机构装配后，应保证滑块型腔与凹模达到所要求的配合间隙；滑块运动灵活、有足够的行程、正确的起止位置。

滑块装配常常要以凹模的型面为基准。因此，它的装配要在凹模装配后进行。其装配顺序如下。

（1）装配凹模（或型芯）　将凹模压入固定板，磨上、下平面并保证尺寸 A。如图 11-12 所示。

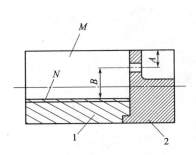

图 11-12　凹模装配

1—凹模固定板；2—凹模镶块

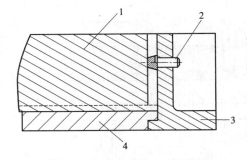

图 11-13　型腔固定孔压印图

1—侧型腔滑块；2—定中心工具；3—凹模镶块；4—凹模固定板

（2）加工滑块槽　将凹模镶块退出固定板，精加工滑块槽。其深度按 M 面决定。如图 11-12 所示。N 为槽的底面。T 形槽按滑块台肩实际尺寸精铣后，钳工最后修正。

（3）配钻型腔固定孔　利用定中心工具在滑块上压出圆形印迹，如图 11-13 所示。按印迹找正，钻、铰型腔固定孔。

　　（4）装配滑块型芯　在模具闭合时滑块型芯应与定模型芯接触，如图 11-14 所示。一般都在型芯上留出余量通过修磨来达到。

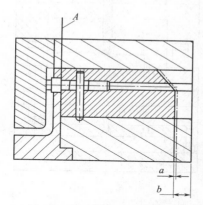

图 11-14　型腔修磨量的测量

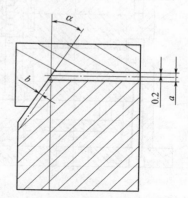

图 11-15　滑块斜面的修磨量

　　（5）楔紧块的装配　在模具闭合时楔紧块斜面必须和滑块斜面均匀接触，并保证有足够的锁紧力。为此，在装配时要求在模具闭合状态下，分模面之间应保留 0.2mm 的间隙，如图 11-15 所示，此间隙靠修磨滑块斜面预留的修磨量保证。此外，楔紧块在受力状态下不能向闭模方向松动，所以，楔紧块的后端面应与定模板处于同一平面。

　　（6）加工斜导柱孔　加工斜导柱孔时，一般在铣床上进行，导柱孔的斜度靠铣床夹具中分度盘来保证。

　　（7）修磨限位块　开模后滑块复位的起始位置由限位块定位。

【任务描述】

　　装配技术要求如下（一般塑料模具的技术要求）：
　　① 装配后模具安装平面的平行度误差不大于 0.05mm；
　　② 模具闭合后分型面应均匀密合（根据不同的制件材料其最大间隙各不相同）；
　　③ 导柱、导套滑动灵活，推件时推杆和卸料板动作必须保持同步；
　　④ 合模后，动模部分和定模部分的型芯必须紧密接触。
　　在进行总装前，模具已完成导柱、导套等零件的装配并检查合格。

【任务实施】　模具的总装

　　在模具装配中，不同的模具其装配方法各不相同，前面已经将各种零件的装配方法有所讲解，下面以如图 11-16 所示塑模为例，进行模具装配过程的介绍。

　　1. 准备工作
　　① 安装零件前，应检查模具零件的性能、质量。
　　② 各零件安装位置做标记。
　　③ 部分零件安装孔及紧固件根据实物配置。
　　④ 准备测量及装配工具等。

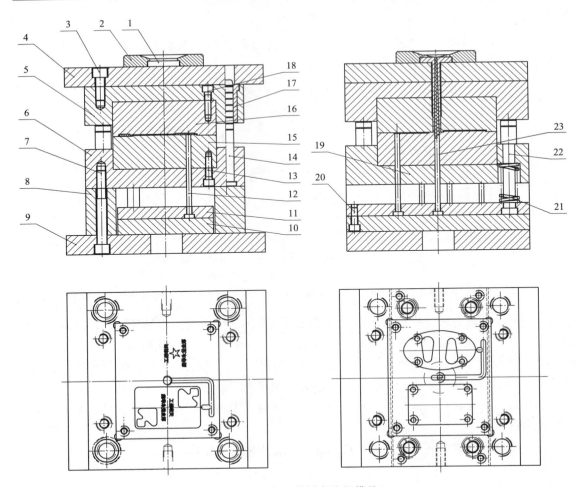

图 11-16　轻工校园卡注塑模具

1—浇口套；2—定位圈；3—螺钉；4—定模座板；5—定模板；6—动模板；7—螺栓；8—垫块；9—动模座板；
10—推板复板；11—推板；12—顶杆；13—螺钉；14—导柱；15—动模镶件；16—定模镶件；
17—导套；18—螺栓；19—顶杆；20—螺栓；21—弹簧；22—复位杆；23—拉料杆

2. 装配动模部分

① 动模镶块与动模板的装配　在装配前，首先检查（图 11-17）动模板与动模镶件的配合尺寸（动模板型腔尺寸 150H8×130H8、动模镶件外形尺寸 150h7×130h7），确定尺寸无误后进行装配。

在动模镶件放入动模板后。在动模镶件上确定出螺纹孔的位置，取下动模镶件，根据在动模镶件上所做的标记，加工螺纹盲孔。

② 配做动模板上的推杆孔、拉料杆孔　通过动模镶件的顶杆孔、拉料杆孔，在动模板上钻锥窝；拆下动模镶件，按窝钻出动模板上的顶杆孔（ϕ6.5）、拉料杆孔（ϕ6.5）。

③ 在推板上配作推杆孔、复位杆孔　用平行夹头将推板（图 11-16 中件 11）与动模板（图 11-16 中件 6）夹紧，通过动模板的推杆孔、复位杆孔在推板上钻锥窝；拆开推板与动模板，按窝钻出推板上的顶杆孔（ϕ7）、复位杆孔（ϕ16）。

④ 装配推杆及复位杆　将推杆、复位杆装入推板后盖上推板复板（图 11-16 中件 10）

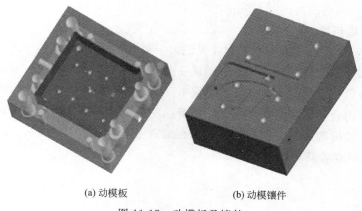

(a) 动模板　　　　　　(b) 动模镶件

图 11-17　动模板及镶件

用螺钉紧固，并将其装入动模，检查及修磨推杆使顶杆上平面与动模镶件平齐、复位杆的顶端面与定模板的下平面平齐（在装好定模部分再修磨）。

　　⑤ 垫块装配　先在垫块（图 11-16 中件 8）上钻螺钉过孔。再将垫块与推板侧面接触，然后用平行夹头将垫块与动模板夹紧，通过垫块上的螺纹孔在动模板钻窝，并钻、铰销钉孔。拆开垫块与动模板，在动模板上钻孔并攻螺纹。

3. 装配定模部分

　　① 导套与定模板的装配（按照前面导套装配所讲步骤进行）。

　　② 定模镶块与定模板的装配　在装配前，首先检查（图 11-18）定模板与定模镶件的配合尺寸（定模板型腔尺寸 150H8×130H8、定模镶件外形尺寸 150h7×130h7），确定尺寸无误后进行装配。在定模镶件放入定模板后。在定模镶件上确定出螺纹孔的位置，取下定模镶件，根据在定模镶件上所做的标记，加工螺纹盲孔。

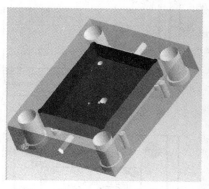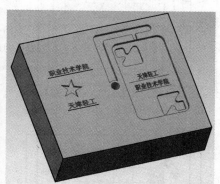

(a) 定模板　　　　　　　　(b) 定模镶件

图 11-18　定模板及定模镶件

　　③ 定模板和定模座板的装配　直接将定模板和定模座板进行装配，使定模座板上的浇道孔与定模板及定模镶块用浇口套安装到一起，用平行夹头将定模座板与定模板夹紧，通过定模座板在定模板上钻锥窝并钻、铰销钉孔。然后将定模座板与定模板拆开，在定模板上钻孔并攻螺纹。再将定模座板和定模板叠合，装入销钉后将螺钉拧紧。

　　④ 浇口套磨平　定模座板、定模板、定模镶件装配后，将浇口套端面与定模镶件下平

面磨平（切忌像前面讲的高出 0.02mm）。

4. 定模和动模组装

将定模部分和动模部分组装在一起应保证以下要求：

① 将定模部分和动模部分装配后，模具安装平面的平行度误差不大于 0.05mm；

② 模具闭合后分型面应均匀密合（根据不同的制件材料其最大间隙各不相同）；

③ 定、动模闭合和开启时，导柱、导套滑动灵活，推杆和卸料板动作必须保持同步；

④ 合模后，动模部分和定模部分的型芯必须紧密接触。

全部组装后等待试模。

【实做练习】

如图 11-19 和图 11-20 手机壳注塑模具所示，试做出该模具的装配工艺方案。

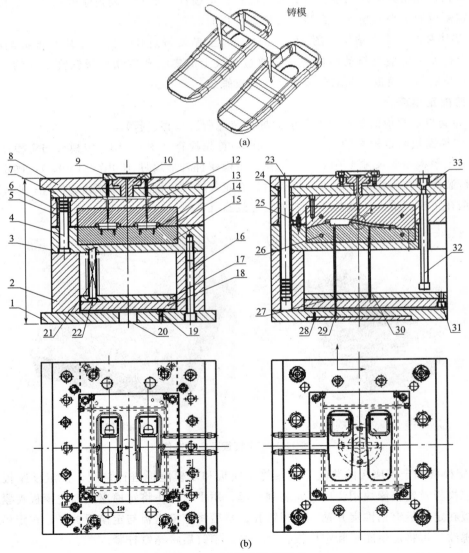

图 11-19　手机壳注塑模具

序号	名称	数量	材料	单量	总计	备注
33	限位螺钉	4	45			
32	定桨位杆	4	TBA			
31	螺钉	4	45			
30	顶针	8	45			
29	明管硬槽	8	T8A			
28	螺钉	4	45			
27	顶管	4	45			
26	水管	8				
25	开闭器	4	45			
24	导套2	4	T8A			
23	顶板导柱	4	T8A			
22	定位杆	4	T8A			
21	弹簧	4	45			
20	顶出孔	1				
19	垃圾钉	6	45			
18	推板	1	45			
17	顶针固定板	1	45			
16	螺钉	6	45			
15	动模镶件	1	Cr12			
14	定模镶件	1	Cr12			
13	产品	2	IBS			
12	流道	2				
11	拉排杆	2	TBA			
10	浇口套	1	TBA			
9	定位圈	1	Q235			
8	定模板	1	45			
7	打料板	1	45			
6	定模板	1	45			
5	导套1	4	T8A			
4	导柱1	4	T8A			
3	动模板	1	45			
2	方板	2	45			
1	动模座板	1	45			
序号	名称	数量	材料	单量 / 重量	总计	备注

图 11-20　零件明细

任务二　注塑模具的调试

【相关知识】

模具装配完成之后，在交付生产之前，应进行试模，试模的目的有二：其一是检查模具在制造上存在的缺陷，并查明原因加以排除；另外还可以对模具设计的合理性进行评定并对成形工艺条件进行探索，这将有益于模具设计和成型工艺水平的提高。

（一）塑料模具的安装

塑料模具的安装是指将塑料模具从制造地点运到注射机所在地并安装在指定注射机上的全过程。在模具安装时，要将注射机按钮选择在"调整"的位置上，使机器的全部功能置于调试者手动控制之下。在吊装模具中，要将电源关闭，以免引发意外事故。具体包括以下各方面工作。

1. 模具安装前的准备工作

（1）熟悉有关工艺文件资料　根据图样弄清模具的结构 特征及工作原理，并熟悉有关的工艺文件以及所用的主要技术规格。

（2）检查安装条件　模具的总体高度及外形尺寸是否符合已选定的注射机的尺寸条件；检查核对模具闭合高度及脱模距离是否合适，安装槽（孔）位置是否正确，与注射机是否相适应。

（3）检查模具　依照图样对模具进行检查，包括以下各项：模具成型零件、浇注系统的表面粗糙度是否合适及有无伤痕和塌陷；检查各运动零件的配合、起止位置是否正确，运动是否灵活。

（4）检查装备　检查装备的油路 水路以及电气是否正常工作，把注射机的开关调到点动或手动的位置，把液压系统的压力调到低压，调整好所有行程开关的位置，使动模板运动灵活；调整动模板与定模板的距离，使其在闭合状态下小于模具的闭合高度 1～2mm。

（5）检查吊装设备　模具闭合后有无专用的吊环或吊环孔，吊环孔的位置是否可以使模具处于平衡吊状态。

2. 安装方法和步骤

以卧式注射机模具的安装为例进行说明，如图 11-21 所示。

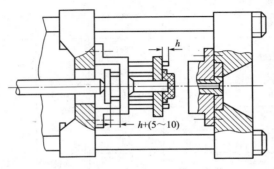

图 11-21　卧式注射机的模具安装

（1）开机　按下开关，开动注射机，使动、定模板处于开启状态。

(2) 清理杂物 清理模具安装面、模板平面和定位孔的污物、毛刺，便于模具顺利安装。

(3) 吊装模具 吊装模具时，主要用的工具有起重杆和起重环等，吊装模具的方法如下：

① 小型模具的安装和注意事项 一般小型模具的吊装需要2～3人，选一名具有吊装经验的人作为现场指挥。现场允许的情况下，尽量采用整体吊装，主要有以下方法。

a. 在机器下面两根导柱上垫好木板，模具从侧面进入机架间，定模放入定位孔并校正位置，慢速闭合模板、压紧模具。然后用压板及螺钉压紧定模，初步固定定模。再慢速开启模具，找准动模位置。检查确保模具开闭时平稳、灵活、无卡滞现象后，再固定动模。

b. 利用小型吊车或自制小型龙门吊车进行模具的吊装，其方法是把模具吊起来从上面进入机架内，定模的定位圈入定模板的定位孔，在慢速闭合模板压紧模具。初步固定定模。

再慢速开启模具，找准动模位置。检查确保模具开闭时平稳、灵活、无卡滞现象后，再固定动模。

特别提示：

模具压紧应平稳可靠，压紧面积要打，压板不能倾倒，对角要压紧，压板尽量靠近模脚。注意合模时，动、定模压板不能相撞。

② 中、大型模具的安装和注意的事项：中、大型模具的吊装需要更多的工作人员。吊装大、中型模具，一般有整体吊装和分体吊装两种方法。要根据现场的具体吊装条件确定吊装方法。

a. 整体吊装 同小型模具。但如有侧型芯滑块，则要使其处于水平方向滑动。

b. 分体吊装 大型模具采用分体吊装法。先将定模部分吊入模板和拉杆之间定位找正，定位环进入定位孔后，用螺钉压紧，再将动模部分吊入，找正动模的导向定位机构后，与定模相合，点动合模，并初步固定动模。然后慢速开合模具数次，确认定模和动模的相对位置已经找正无误后，紧固动模。对没有侧型芯滑块的模具应使滑块处于水平方向滑动。

特别提示 吊装模具时应注意安全，两人以上操作时，必须相互呼应，统一行动。模具紧固应平稳可靠，压板要放平，不得倾斜，否则模具压不紧，导致模具在安装时落下。要注意防止合模时动模压板和定模压板与推板、动模板相碰。

(4) 调节锁模机构 按模具闭合高度、脱模距调节锁模机构，保证有足够的开模行程和锁模力，使模具闭合松紧适当。为防止制件严重溢边，闭合后分型面之间的间隙应保持在0.02～0.04mm，此间隙能保证型腔适当排气。对加热模具，在模具达到预定温度后，需再调整一次，最终调定应在试模时进行。

特别提示 曲肘伸直时，应先快后慢，既不能太松弛，也不能太涩滞。

(5) 调整推杆顶出距离 模具紧固后，慢速开模，直到动模板停止后退。这时调节推杆位置，使模具上推板与模体之间尚留5～10mm的间隙，以防止顶坏模具，而又能顶出制件，并保证顶出距离。并合模具观察推出机构动作是否平稳、灵活，复位机构动作是否协调正确。

特别提示　开合模具时，顶出机构应动作平稳、灵活，复位机构应协调、可靠。

（6）校正喷嘴与浇口套的相对位置及弧面接触情况可用一纸片放在喷嘴及浇口道之间，观察两者接触情况。校正后拧紧注射座定位螺钉，紧固定位。

特别提示　松紧要合适，一般保持间距在 0.02～0.04mm。

（7）**接通回路**　接触冷却水路及加热系统。水路应畅通，电热加热器应按额定电流接通。

特别提示　安装调温、控温装置以控制温度；电路系统要严防漏电。

（8）**试机**　先开空车运转，观察模具运转是否正常，确认可靠后，才可注射试模。

特别提示　注意安全，试机前一定要将工作场地清理干净。

（二）塑料模具的调试

1. 试模的目的

确定模具的质量，取得制件成型工艺基本参数，为正常生产打下基础。

2. 注射模调试前的检查

（1）模具外观检查

① 检查闭合模具高度，安装于机床的各配合尺寸、顶出形式、开模距、模具工作要求等是否符合所选定设备的技术条件。

② 大中型模具应有起重孔或吊环。模具外露部分尖角要倒钝。

③ 成型零件、浇注系统表面应光洁、无塌坑及明显伤痕。

④ 各滑动零件配合间隙要适当，无卡住及紧涩现象，活动要灵活、可靠。起止位置要正确，各镶嵌件、紧固件要牢固，无松动现象。

⑤ 各接头、阀门、附件、备件是否齐全。模具要有合模标志。

⑥ 模具要有足够的强度，工作时受力要均匀，模具稳定性要良好。

（2）模具空运转检查

① 活动型芯、导出及导向部位运动和滑动要平稳，动作要灵活可靠。定位导向要正确。

② 锁紧零件要安全可靠，紧固件不松动。

③ 合模后各承压面（分型面）不得有间隙，结合要严密。

④ 各气动、液压控制机构动作要正常。

⑤ 电加热系统无漏电现象、安全可靠。

⑥ 冷却水要通畅、不漏水，阀门控制要正常。

⑦ 开模时，为方便取出塑件及浇注系统废料，顶出部分要保证顺利脱模。

⑧ 各附件齐全、功能良好。

3. 试模前的准备工作

（1）熟悉图样及工艺　熟悉塑件产品图；掌握成型特征、塑件特点；熟悉模具结构动作原理及操作方法；掌握实木工艺要求 成型条件及正确的操作方法；熟悉各项成型条件的作用及相互关系。

（2）试模材料的准备　检查试模材料，确定是否符合图样规定的技术要求；材料应进行预热和烘干。

（3）检查模具结构　按图样对模具进行仔细检查确认无误后才能安装模具，开始试模。

（4）熟悉设备情况　熟悉设备结构及操作方法 使用和保养知识；检查设备成型条件是否符合模具应用条件及能力。

（5）工具及辅助工艺配件准备　准备好试模用的工具、量具、卡具；准备一个记录本，以记录在试模过程中出现的异常现象及成型条件变化状况。

4. 热塑性塑料注射模的调试过程

（1）注射模成型工艺过程　首先要了解注射模具成型工艺流程。

（2）注射模调整要点

① 选择螺杆机及喷嘴的调式要点

a. 按设备要求根据不同设备选择螺杆。

b. 按成型工艺要求及塑料品种选用喷嘴。

② 调节加料量，确定加料方式。

a. 按塑料重量（包括浇注系统用量，但不计嵌件）决定加料量，并调节定量加料装置，最后以试模的结果为准。

b. 按成型要求，调节加料方式：一是固定加料法，在整个成型周期中，喷嘴与模具一直保持接触，适用于一般塑料；二是加料法，每次注射量达到要求的注射量时，注射座后退，直至下一个工作循环开始，再复进行注射，用于结晶性塑料。

c. 在注射座来回移动的情况下，则调节定位螺钉，以保证每次正确复位，喷嘴与模具要紧密配合。

③ 调节锁模系统　装上模具，模具闭合高度、开模距离调节锁模系统及缓冲装置，应保证开模距离要求。锁模力大小应适当，开闭模时，要平稳缓慢。

调整顶出装置与轴心系统

④ 调节顶出距离，以保证正确的顶出塑件；对没有轴心装置的设备，应将装置与模具连接，调节控制系统，以保证动作起止协调，定位及行程正确。

⑤ 调整塑化能力　调节螺杆转速，按成型条件进行调解；调节料筒及喷嘴温度，塑化能力应按试模时塑化情况酌情增减。

⑥ 调节注射压力　按成型要求调节注射压力；按塑件及壁厚调节流量阀来控制注射速度。

⑦ 调节成型时间　按成型要求控制注射、保压、冷却时间及成型周期。试模时应手动控制，酌情调整各程序时间，也可调节时间继电器自动控制各成型时间。

⑧ 调节模具温度及水冷系统　按成型条件调节水量和电加热器电压，以控制模具温度及冷却速度；开机前应打开油泵，料斗及各冷却系统。

⑨ 确定操作次序　装料、注射、闭模等工序应按成型要求调节。试模时用人工控制，生产时用自动及半自动控制。

5. 塑件成型工艺参数的选择

以本学习项目校园卡为例，在试模过程中工艺参数的选取，查相关手册得到该校园卡（材料 ABS）塑件的成型工艺参数为如下所示：

密度　　　　$1.01 \sim 1.04 \mathrm{g/cm^3}$

收缩率　　　$0.3\% \sim 0.8\%$

预热温度　80～85℃　　　　　预热时间 2～3h

料筒温度　后段 150～170℃，中段 165～180℃，前段 180～200℃

喷嘴温度　170～180℃

模具温度　50～80℃

注射压力　60～100MPa

成型时间　注射时间 20～90s，保压时间 0～5s，冷却时间 20～150s

6. 调试过程中可能发现的问题、产生原因和解决办法

热塑性塑料模调试过程中可能发现的问题、产生原因和调整办法参见表 11-1。

表 11-1　热塑性塑料模调试过程中可能发现的问题、产生原因和调整办法

试模缺陷	产生原因	解决方法
制件没有充满	1. 注射量不够，加料量及塑化能力不足 2. 塑料粒度不同或不匀 3. 多型腔时，进料口平衡不好 4. 喷嘴及料筒温度太低或喷嘴孔径不当 5. 注射压力小，注射时间短，保压时间短，螺杆或柱塞过早退回 6. 飞边溢料过多 7. 排气不当，无冷料穴，设计不合理 8. 模具浇注系统流动阻力大，进料口位置不当或截面小	1. 加大注射量和加料量，增加塑化能力 2. 改进新塑料 3. 修整进料口，使各型腔进料口相同 4. 提高喷嘴及料筒温度或更换新的喷嘴 5. 提高注射机压力并延长注射及保压时间 6. 使溢料槽变小 7. 增加或修整冷料穴，使模具能有效排气 8. 修整进料口，加大截面
制件尺寸不稳定	1. 注射机电气或液压系统不稳定 2. 模具强度不足，导柱弯曲、磨损 3. 模具精度不良，活动零件动作不稳定，定位不准 4. 成型条件（温度、压力、时间）变化、成型周期不一致 5. 模具合模时，时紧时松，易出飞边 6. 塑料加料量不足 7. 浇口太小，多腔进料口大小不一致，进料不平衡 8. 塑料颗粒不匀，收缩率不稳定	1. 调整注射机，使其电气部分、液压系统稳定可靠 2. 提高模具强度，更换导柱 3. 调整模具，使活动零件动作平稳，定位零件定位准确 4. 控制成型条件，使每个制品的成型周期稳定一致 5. 增加锁模力，使合模稳定 6. 控制加料量，每次定量加料 7. 修整浇口，使其进料合适 8. 更换新的塑料
制件有气泡	1. 塑料含水分太大 2. 料温高，加热时间长 3. 注射压力小 4. 柱干或螺杆退回早 5. 模具排气不良 6. 模具预热不足 7. 注射速度太快 8. 模具型腔内有水、油污或使用脱氧剂不当	1. 更换新塑料或在使用前烘干 2. 降低温度并减少加热时间 3. 加大注射压力 4. 控制柱塞退回时间 5. 增设冷料穴，使其排气量好 6. 提高模具温度 7. 降低注射速度 8. 清楚模腔水分及油污，合理使用脱氧剂
塑件产生凹痕、塌坑	1. 进料口太小或数量不足 2. 塑件设计不合理，壁太厚或厚薄不均 3. 进料口位置不当，不利于供料 4. 料温高，模具温度也高，冷却时间短，易出凹痕 5. 模具温度低，易出真空泡 6. 注射压力小，速度慢 7. 注射保压时间短 8. 加料及供料不足 9. 熔料流动不良，溢料多	1. 加大进料口截面，或增加进料口数量 2. 改进塑料设计或在壁厚处增设工艺型孔 3. 改进进料口位置 4. 降低料温、模具温度，增加冷却水时间 5. 增加模具温度 6. 加大注射压力和加快速度 7. 加大保压时间 8. 加大供料量 9. 减少溢流槽面积

续表

试模缺陷	产生原因	解决方法
制件有溢边	1. 分型面密合不严,有间隙,型腔和型心部分滑动零件间隙过大 2. 模具温度或刚度差 3. 模具各承接面平行度差 4. 模具单向受力或安装时没有被压紧 5. 注射压力大,锁模力不足或锁模机构不良,注射机顶定,动模板不平行 6. 塑件投影面积超过注射机所容许的塑制面积	1. 调整模具,使分型面密合,减小型腔、型心部分滑动零件间隙值 2. 重新修整模具,加大强度及刚度 3. 重修模具,使各支撑面互相平行 4. 重新安装模具 5. 减少注射压力,增加锁模力 6. 更换注射量大的注射机
塑件翘曲或变形	1. 冷却时间不够,模具温度高 2. 塑件形状设计不合理,薄厚相差太大,强度不足,嵌件分布不合理,预热不足 3. 进料口位置不合理,尺寸小,料温、模具温度低,注射压力小,注射速度快,保压补缩不足,冷却不平均,收缩不匀 4. 动、定模具温度差大,冷却不匀,造成变形 5. 进料口位置不合理,熔料直接冲击型心,两侧受力不匀 6. 模具顶出机构受力不均,顶杆位置不合理	1. 延长冷却时间,降低模具温度 2. 修改大塑件设计,使之符合设计要求 3. 增加进料口,或改变其位置,合理安排注射工艺规程 4. 合理控制模具温度,使动、定模温度均匀 5. 调整进料口位置 6. 调整顶出机构,使其作用力均匀
塑件产生裂纹	1. 脱模时顶出不合理,顶出力分布不均 2. 模具温度太低或模具是受热不均 3. 冷却时间过长或过短 4. 嵌件不干净或预热不够 5. 成型条件不合理 6. 进料口尺寸过大或形状不合理	1. 调整模具顶出机构,使其受力均匀、动作可靠 2. 提高模具温度,并使其各部受热均匀 3. 合理控制冷却时间 4. 预热嵌件,清除表面杂物 5. 改善塑件成型条件并进行严格控制 6. 改善进料口尺寸及形状
脱模困难	1. 型腔表面粗糙,脱模斜度小 2. 模具镶块处缝隙太小 3. 型芯无进气孔 4. 模具温度太高或太低,成型时间不合理 5. 型腔变形大,表面有伤痕造成脱模难 6. 塑料发脆,收缩大。塑件工艺性差,不易从模中脱出	1. 抛光型腔,加大脱模斜度 2. 修模,使之密合 3. 增设进气孔 4. 改善模具温度,控制成型时间 5. 修正型腔并抛光 6. 更换塑料,更新塑料设计,使之符合工艺要求

【复习思考题】

1. 塑模装配中导柱、导套、型芯、型腔与模板的配合关系?导柱与导套的配合又是什么?

2. 试模时易产生的缺陷有哪些(举例 4 个)?分析其产生的原因?

附　　录

标准公差数值 μm

基本尺寸 /mm	公　差　等　级															
	IT1	IT2	IT3	IT4	IT5	IT6	IT7	IT8	IT9	IT10	IT11	IT12	IT13	IT14	IT15	IT16
≤3	0.8	1.2	2	3	4	6	10	14	25	40	60	100	140	250	400	600
>3~6	1	1.5	2.5	4	5	8	12	18	30	48	75	120	180	300	480	750
>6~10	1	1.5	2.5	4	6	9	15	22	36	58	90	150	220	360	580	900
>10~18	1.2	2	3	5	8	11	18	27	43	70	110	180	270	430	700	1100
>18~30	1.5	2.5	4	6	9	13	21	33	52	84	130	210	330	520	840	1300
>30~50	1.5	2.5	4	7	11	16	25	39	62	100	160	250	390	620	1000	1600
>50~80	2	3	5	8	13	19	30	46	74	120	190	300	460	740	1200	1900
>80~120	2.5	4	6	10	15	22	35	54	87	140	220	350	540	870	1400	2200
>120~180	3.5	5	8	12	18	25	40	63	100	160	250	400	630	1000	1600	2500
>180~250	4.5	7	10	14	20	29	46	72	115	185	290	460	720	1150	1850	2900
>250~315	6	8	12	16	23	32	52	81	130	210	320	520	810	1300	2100	3200
>315~400	7	9	13	18	25	36	57	89	140	230	360	570	890	1400	2300	3600
>400~500	8	10	15	20	27	40	63	97	155	250	400	630	970	1550	2500	4000

参 考 文 献

[1]　李云程. 模具制造工艺学. 北京：机械工业出版社，2008.
[2]　郭铁良. 模具制造工艺学. 北京：高等教育出版社，2009.
[3]　杨占尧，王高平. 塑料注射模具结构与设计. 北京：高等教育出版社，2008.
[4]　王茂元. 机械制造基础. 北京：机械工业出版社，2007.
[5]　孙凤勤. 模具制造工艺与设备. 北京：机械工业出版社，1999.
[6]　黄毅宏等. 模具制造工艺. 北京：机械工业出版社，1998.
[7]　许发樾. 模具标准应用手册. 北京：机械工业出版社，1997.
[8]　许发樾. 实用模具设计与制造手册. 北京：机械工业出版社，2001.
[9]　《模具制造手册》编写组. 模具制造手册. 北京：机械工业出版社，1999.
[10]　刘建超. 冲压模具设计与制造. 北京：高等教育出版社，2009.
[11]　杨占尧. 冲压模具图册. 北京：高等教育出版社，2009.
[12]　蒙坚等. 零件数控电火花加工. 北京：北京理工大学出版社，2009.